Ihre Arbeitshilfen zum Download

Die folgenden Arbeitshilfen stehen für Sie zum Download bereit:

Übungen:

- Übung 1: Terminplan im Vorfeld
- Übung 2: Zieleplan für die ersten vier Wochen
- Übung 3: Wie wollen Sie einsteigen?
- Übung 4: Fachliche Einarbeitung
- Übung 5: Ihr Logbuch
- Übung 6: Ihr Einarbeitungs-Manual
- Übung 7: Ihre Ziele
- Übung 8: Verhältnisse im Unternehmen
- Übung 9: Prioritätenliste für Verhandlungen
- Übung 10: Die positive Ausstrahlung stärken
- Übung 11: Erwartungen an Ihren Chef
- Übung 12: Standortbestimmung
- Übung 13: Ihr Weiterbildungsplan
- Übung 14: Ihre Erfolgsliste

Tests und Dokumentation:

- Defizitanalyse für neue Mitarbeiter
- Logbuch
- Test: Wie steht es um Ihre Managerqualitäten?

Den Link sowie Ihren Zugangscode finden Sie am Buchende.

Karrierestart nach dem Studium

Doris Brenner

Karrierestart nach dem Studium

Die ersten 100 Tage im neuen Job

Doris Brenner

1. Auflage

Haufe Gruppe
Freiburg · München

Bibliografische Information der Deutschen Nationalbibliothek
Die Deutsche Nationalbibliothek verzeichnet diese Publikation in der Deutschen Nationalbibliografie; detaillierte bibliografische Daten sind im Internet über http://dnb.dnb.de abrufbar.

Print	ISBN: 978-3-648-07313-1	Bestell-Nr. 14016-0001
EPUB	ISBN: 978-3-648-07314-8	Bestell-Nr. 14016-0100
EPDF	ISBN: 978-3-648-07315-5	Bestell-Nr. 14016-0150

Doris Brenner
Karrierestart nach dem Studium
1. Auflage 2016

www.haufe.de
info@haufe.de
Produktmanagement: Jasmin Jallad

Lektorat: Cornelia Rüping
Satz: kühn & weyh Software GmbH, Satz und Medien, Freiburg
Umschlag: RED GmbH, Krailling
Druck: BELTZ Bad Langensalza GmbH, Bad Langensalza

Inhaltsverzeichnis

Vorwort

Herzlichen Glückwunsch, Sie haben das Studium erfolgreich abgeschlossen und schauen mit Spannung und Erwartung in die Zukunft. Der Arbeitsvertrag ist schon in der Tasche und der erste Schritt Ihrer beruflichen Laufbahn steht nun kurz bevor. Endlich können Sie all das, was Sie sich in vielen Jahren an der Hochschule an Wissen erworben haben, in die Tat umsetzen. Ärmel hoch und los geht's — eigentlich kann Sie jetzt nichts mehr aufhalten.

Aber da ist doch dieses flaue Gefühl im Magen und eine Menge offener Fragen tauchen auf, je näher der Tag X, der erste Arbeitstag rückt: Wird sich alles so gestalten, wie Sie es sich erträumt haben — das Aufgabengebiet, das neue Umfeld, die Zusammenarbeit mit Chefs und Kollegen? Werden Sie allen Erwartungen gerecht werden können?

Eine Phase der emotionalen Wechselbäder zwischen Euphorie und Sorge liegt vor Ihnen und das Wissen, dass es im Grunde keinen Schritt zurück mehr gibt. Ja, Sie haben sich im Studium viele Kenntnisse angeeignet und doch, so zeigt die Erfahrung, ist die Mehrzahl der Hochschulabsolventen trotz eines exzellenten Examens eher schlecht auf den Berufseinstieg vorbereitet. Fachliches Wissen alleine reicht bei Weitem nicht aus, um sich erfolgreich in der Berufswelt positionieren zu können. Die richtige Einstellung, soziale Kompetenz im Umgang mit Geschäftspartnern, aber auch Arbeitstechniken und Methodenwissen sind nur einige Themen, mit denen es sich vertraut zu machen gilt. Hinzu kommt eine Vielzahl neuer „Spielregeln", die in der Berufswelt gelten und mit deren Kenntnis Sie so manches Fettnäpfchen vermeiden können. Wohl dem, der bereits während des Studiums Praxiskontakte knüpfen und damit einen ersten Einblick in die Arbeitswelt gewinnen konnte. Aber selbst Erfahrungen als Praktikant oder Werkstudent spiegeln nur bedingt wider, was es heißt, als festes Mitglied einer Interessengemeinschaft „Unternehmen" seinen Mann beziehungsweise seine Frau zu stehen.

Mit diesem Buch möchte ich Ihnen einen Begleiter an die Hand geben, der Sie in der ersten beruflichen Phase unterstützt und Ihnen hilfreiche Tipps für den Sprung ins kalte Wasser gibt. Wie ein Rettungsring soll es dazu beitragen, dass Sie stets mit dem Kopf über Wasser bleiben, mit mehr Sicherheit den wichtigen neuen Lebensabschnitt beginnen können und damit den Grundstein für Ihre weitere berufliche Entwicklung legen.

Mein Dank gilt all denjenigen, die durch ihre Praxisbeispiele einen wesentlichen Beitrag zu diesem Buch geleistet haben. Indem ich Menschen aus sehr unterschiedlichen Blickwinkeln über das Thema Karrierestart und Berufspraxis berichten lasse, möchte ich Ihnen als Leser eine möglichst anschauliche und greifbare Hilfestellung für die eigenen Schritte im Beruf an die Hand geben. Dabei werden auch die gegenseitigen Erwartungen von Berufsstartern und Führungskräften offen dargestellt. Das bietet Ihnen die Chance, Ihr eigenes Verhalten zu überdenken und Handlungsalternativen zu entwickeln. Denn häufig ist nicht entscheidend was man tut, sondern wie man etwas tut.

Bedanken möchte ich mich insbesondere bei zwei Menschen, die ich während meines USA-Aufenthalts kennen- und schätzen gelernt habe und denen ich dieses Buch widmen möchte. Dr. Bill Combs, Dozent im Rahmen meines Graduale Studiums und erfahrener Personalentwickler in der Wirtschaft, und Dr. Linda Gast, von der University of Maryland, die sowohl das Career Center der Hochschule leitete wie auch umfangreiche Erfahrung in der Beratung von Studenten und Hochschulabsolventen besitzt.

Ich wünsche Ihnen viel Spaß bei der Lektüre, zahlreiche positive Erfahrungen im ersten Job und natürlich das notwendige Quäntchen Glück, ohne das es auch im Beruf nicht geht. Über Ihre eigenen Erfahrungen sowie Anregungen zum Inhalt dieses Buchs würde ich mich sehr freuen. Sie können über meine Homepage www.karriereabc.de direkt Kontakt mit mir aufnehmen.

Noch ein Hinweis: Wir haben aus Gründen der einfacheren Lesbarkeit darauf verzichtet, jeweils die weibliche und männliche Anredeform zu wählen. Seien Sie jedoch davon überzeugt, dass ich mit diesem Buch in gleicher Weise Berufsstarterinnen und Berufsstarter anspreche.

Doris Brenner

Rödermark, Oktober 2015

1 Start in einen neuen Lebensabschnitt

Aller Anfang ist schwer, so sagt ein Sprichwort, und dies gilt ganz besonders auch für den Berufsstart. Bedeutete der Wechsel von der Schule an die Hochschule bereits eine Veränderung im Lebensrhythmus, so wird der Berufsstart noch weit mehr Ihren Lebensstil und die Zeitgestaltung beeinflussen. Zeitplanung, feste Termine und das Setzen persönlicher Prioritäten gewinnen an Bedeutung, nimmt doch gerade in der Anfangsphase der Beruf viel Raum in Anspruch. So werden einfache Tätigkeiten und Handgriffe, die Sie bereits nach kurzer Zeit als Routine abspeichern können, zunächst einen hohen zeitlichen und gedanklichen Aufwand erfordern. Vieles, was um Sie herum geschieht, wird für Sie zunächst fremd und unverständlich klingen; ganz offensichtlich die ganze Bandbreite firmeninterner Abkürzungen, die wie Vokabeln in einer Fremdsprache zu erlernen sind.

Die ersten Schritte im Berufsleben haben wie der erste Eindruck im Vorstellungsgespräch sehr weit reichende Konsequenzen: Die Art und Weise, wie Sie auftreten und sich in das neue Umfeld einführen, wird maßgeblich dazu beitragen, ob man Ihnen positiv gegenübersteht, Sie Akzeptanz finden und mit der Unterstützung von Vorgesetzten und Kollegen rechnen können. Ihr Karrierestart wird sich umso zügiger und problemloser gestalten, je intensiver Sie sich auch mit den Erwartungen beschäftigen, die Ihr neues Umfeld an Sie stellt.

Als kleine Einstimmung für unsere weiteren Betrachtungen stehen an dieser Stelle die Gedanken des Psychologen Dr. Hermann Refisch zum Thema Karrierestart. Dr. Refisch ist Diplompsychologe mit Verkaufs- und Führungserfahrung. Er arbeitet als Trainer und Berater. Seine Schwerpunkte sind: Perspektiven im Beruf, Rhetorik und Kommunikation, Konfliktlösungen, mehr Mut (www.refisch.de).

Aus der Praxis: Expertenwissen

„Der Berufseinstieg ist der Einstieg in ein neues System. Neu ist diese Umgebung jedoch nur für Sie, denn sie existiert ja bereits. Damit sind verschiedene Implikationen verbunden, Zusammenhänge, die jeweils Vor- und Nachteile, Chancen und Risiken bieten. Ein sensibilisierter Blick darauf kann sich lohnen, um eigene Perspektiven abschätzen und prägen zu können.

Zeit und Geld

Nun mag eine neue Zeitrechnung für Sie beginnen. Ihr Kalender füllt sich mit Meetings, Geschäftsreisen, Zielvorgaben, Projektterminen. Sie erleben, was Pendeln zwischen Wohnort und Arbeitsplatz zur Rushhour bedeutet. Vielleicht

kommt noch Wochenendarbeit hinzu. Zeitnot ist einerseits ein Modephänomen — wer keine Zeit hat, muss wichtig sein! —, andererseits zeigt sich hier der versierte Umgang mit den eigenen Ressourcen, das angepriesene Organisationstalent ebenso wie die Flexibilität, die Sie gewiss auch als persönliche Stärke angegeben haben.
Dafür beziehen Sie nun endlich eigenes Geld, ein geregeltes Gehalt. Also können Sie Anschaffungen tätigen, Urlaub planen, lange ersehnte Wünsche erfüllen. Sofort gibt es auch neue Erfordernisse: Existiert eine Kleiderordnung, treten Sie im Businesslook auf, bringen Sie Ihre Hemden zur Wäscherei und zum Bügelservice? Brauchen Sie einen repräsentativen Aktenkoffer, ein neues Auto? Haben Sie sich schon Gedanken über die finanzielle Sicherung und Absicherung Ihrer Zukunft gemacht? Über Renten- und Arbeitslosenversicherung entscheiden Sie nicht selbst, aber wie ist es mit Berufsunfähigkeits- und Haftpflichtversicherung?

Privatleben und Zukunftsplanung

Private Termine finden jetzt abends oder am Wochenende statt. Erinnern Sie sich noch an die Bewerbungsgespräche und die Frage: Wo möchten Sie in fünf Jahren stehen? Können Sie Familienplanung, Partnerschaft, Freizeitgestaltung im Auge behalten, ohne die Chancen im Berufsleben zu übersehen? Im Job erleben Sie neue Menschen, knüpfen spannende neue Kontakte, diskutieren andere Themen als bis dato. Ihre bisherigen sozialen Beziehungen bekommen vielleicht neue Inhalte oder versanden — das entscheiden Sie selbst, wenn Sie einen Blick darauf haben. Falls nicht, dürfen Sie sich über einen schrumpfenden Freundeskreis nicht beklagen.

Neue Rollen in einem neuen System

Zu Ihren bekannten Rollen ist nun mindestens eine neue hinzugekommen: Sie sind ein Element des Systems, das Profit erwirtschaften, anderer Leute Aufträge ausführen oder Dienstleistung erbringen soll. Gleichzeitig müssen Sie schnell einen eigenen Platz finden, vorzeigbare Erfolge erzielen und hier und da eigene Ideen etablieren.
Ganz fremd wird sie Ihnen nicht sein, die Umgebung eines Unternehmens. Gewiss haben Sie Praktika absolviert und Erfahrungen gesammelt. Doch falls Sie glauben, hier würde ausschließlich professionell gearbeitet, Entscheidungen stets nach streng rationalen Gesichtspunkten getroffen: Nein. In einem Unternehmen ist vieles anders als an der Hochschule, aber auch hier arbeiten unterschiedliche Persönlichkeiten und subjektive Einflussgrößen können eine wichtige Rolle spielen.

Zuhören und Verstehen

In jeder Umgebung gelten spezifische Regeln. Die Menschen gehen möglicherweise anders mit dem Du, mit Pausen- und Arbeitszeiten, mit Informationen um, als Sie das aus Ihrer Studienzeit gewöhnt waren. Vokabellernen: Was ist

der Unterschied zwischen Mitarbeiter und Kollege? Ist 16:00 Uhr noch heute Mittag? Warum kann ‚Bitte tragen Sie Sorge dafür' eine Drohung sein und bedeutet ‚Ich bin sehr befremdet' vielleicht ‚Ich bin stinksauer'?
Bislang konnten Sie sich mit Gleichgesinnten, Kommilitonen, frei gewählten Freunden unterhalten. Nun haben Sie täglich Personen um sich herum, die etwas ganz anderes gelernt haben als Sie. Vielleicht ist Ihre Fachsprache nicht für jeden verständlich, womöglich wird Ihre Ausdrucksweise für hochnäsig gehalten. Bleiben Sie freundlich, wenn Sie Zusammenhänge, die Ihnen eigentlich selbstverständlich erscheinen, erläutern müssen. Glauben Sie nie, das läge an der Inkompetenz der anderen. Viel häufiger liegt es am mangelnden eigenen Ausdrucksvermögen. Gegenfrage: Haben Sie verstanden, was Ihnen jemand aus einem fremden Arbeitsbereich erklärt hat? Zuhören und Verstehen ist die halbe Miete. Gerade dann, wenn etwas nicht nachvollziehbar erscheint.
Plötzlich haben Sie Kollegen oder Vorgesetzte im Alter Ihrer Eltern. Ein Unternehmen hat durchaus Gemeinsamkeiten mit einer Familie: Da gibt es Neuzugänge, Personen scheiden aus, einige Rollen werden neu ausgehandelt, während andere sehr starr bleiben. Entwicklungsschritte, Veränderungen, Bewegung und Wachstum führen stets auch zu Gefühlsäußerungen.

Hier arbeiten Menschen!
Genau, Sie treffen auf Individuen mit Wissen, Erfahrungen, Erwartungen, Denkweisen, Emotionen. Vielleicht sogar mit Animositäten, Launen, Schwächen. Für Ihre Orientierung brauchen Sie viele Antworten — auch auf diese Fragen: Wer profitiert von Ihrem Erfolg, wer leidet darunter? Mit wem müssen Sie es sich am schnellsten verderben, um zu scheitern? Wie gut sind gute Ratschläge? Wie viel daran ist Rat, wie viel Schlag? Wer erteilt sie und warum?

Sie ändern das System!
Und nun kommen Sie. Was wird passieren? Sie ändern das bestehende Gefüge. Aber ja, gerade Sie, ob Sie das wollen oder nicht. Jeder Mensch in einer Organisation nimmt Einfluss und wird seinerseits beeinflusst. Ein Indianersprichwort sagt, um jemanden zu verstehen, müsse man in seinen Mokassins gegangen sein. Vielleicht genügt es, einmal die Brille der Gesprächspartner aufzusetzen: Aus der Perspektive des Gegenübers sehen Dinge oftmals ganz anders aus. Wie wird man Ihr Erscheinen, Ihre Arbeit, Ihre Fragen und Anregungen aufnehmen? Da spielen viele Faktoren in komplexen Zusammenhängen mit: In jeder Kommunikation wirken Aspekte von Ihnen selbst, Anteile des Gesprächspartners und Faktoren der Umgebungsbedingungen zusammen.
Wie gut kennen Sie sich selbst? Ihre Wirkung auf andere, Ihre Stärken, Ihre eigenen Wünsche und Vorstellungen? Ihr Denken, Fühlen und Handeln? Fachkreise nennen das Persönlichkeitsentwicklung, was für Sie selbst eine lebenslange Aufgabe darstellt.

Im Zwiegespräch mag noch überschaubar sein, was in einer komplexeren Umgebung sogar chaotische Züge annehmen kann: Da trägt jede Person ihren eigenen Rucksack an Erinnerungen, Erfahrungen, Erwartungen in die Situation hinein. Die Effekte addieren sich nicht einfach, sie interagieren auf vielfältige Weise.

Zwischen den Stühlen?

Damit nicht genug: Jetzt kommen noch Variablen hinzu, die durch Firmenstruktur, Aufgaben, Organisationsmerkmale und den Markt geprägt sind. Neue Mitspieler geraten mitunter ahnungslos in vorgezeichnete Konfliktherde. Manches ist vorhersehbar: Oft anzutreffen sind Spannungen zwischen Außen- und Innendienst, Produktion und Verkauf, Geschäftsleitung und Betriebsrat. Oder auch Veränderer gegen Erhalter, Ehrgeizige gegen Bestandswahrer, Visionäre gegen Skeptiker. Interner Wettbewerb kann durchaus erwünscht sein — im Umfeld des Verkaufs eher die Regel als die Ausnahme. In jeder Organisation wirken formelle und informelle Beziehungen. Sie bewegen sich nun in einem neuen Feld von Macht, Vertrauen, Informationen. Eingebunden in ein System von Lieferanten, Kunden, Mitarbeitern, Kollegen, Chefs, Inhabern, Kooperationspartnern, Vorgängern und Nachfolgern. Da kann es nicht ausbleiben, dass auch Irrationales seinen Weg findet. Wer hinsieht, entdeckt Ängste, Hoffnungen, Sympathien und Antipathien. Sie werden bald feststellen, durch welche Normen Ihr neues Umfeld geprägt ist. Dann entscheiden Sie, ob Sie mitspielen und gegen welche Vorschriften Sie bewusst verstoßen wollen. Sie werden Führungsstile, Informationspolitik und ‚Mikrostrategien' kennenlernen. Sie werden auch Ihre Denkweise ändern. Dies nennt man in Fachkreisen berufliche Sozialisation. Später heißt Ihre derart erworbene Kompetenz dann Berufserfahrung.

Augen auf und Klappe zu: Erwartungen von allen Seiten

Zu den bestehenden kommen neue Erwartungen hinzu. Im Beruf könnte das sein: Wird unser(e) Neue(r) sich bewähren? Wie geht sie/er mit internen Standards um? In der ersten Zeit hilft ein einfacher Ansatz: Beobachten, zusehen, fragen, kennenlernen. Was die Leistung anbelangt: Feedback selbst einholen! Nicht warten, bis sich jemand bei Ihnen meldet. ‚Gehe nie zum Fürst, wenn Du nicht gerufen wirst' gilt nur in antiquierten Umgebungen. Sie werden sich viel schneller zurechtfinden, wenn Sie aktiv rückfragen, Schritte besprechen, Ziele vereinbaren und Probleme mitsamt Ihren Lösungsideen zur Diskussion stellen. Selbstverständlich im geeigneten Moment und im passenden Rahmen.

Patentrezepte?

Nein, das wäre zu einfach. Wie schreibt Eugen Roth: ‚Der Mensch erkennt, und das ist wichtig: Nichts ist ganz falsch und nichts ganz richtig.' Doch Sie haben ein gutes Instrument zur Orientierung: Achten Sie kritisch auf Ihr Gefühl. Intuition ist ein sehr feines Barometer. Stimmt etwas nicht? Dann analysieren

Sie: Was verursache ich selbst, was trägt mein Gesprächspartner bei, wo liegen die Ursachen in der Umgebung? Vielleicht helfen Ihnen ein paar Ideen aus dem Verhandlungs- und Konfliktmanagement: Hinterfragen Sie Ihre eigenen Anteile? Vergessen Sie auch unter Belastung nie, dass Sie es stets mit Menschen zu tun haben?
In jeder Umgebung gibt es nette und kompetente Leute. Haben Sie schon ein paar gefunden? Da lohnt es sich, ein eigenes kleines Netzwerk aufzubauen. Eine solche Insel kann einen wesentlichen Beitrag zu Ihrem Einstieg leisten. Es gibt nichts Motivierenderes als den Erfolg. Er beflügelt und setzt Energien frei. Er geht einher mit einer weiteren Bestätigung: Spaß bei der Arbeit.“

1.1 Vorbereitungen

Nachdem über die zahlreichen Veränderungen eine Vielzahl von Themen angesprochen wurde, wollen wir nun ganz systematisch auf einzelne Aspekte eingehen.

1.1.1 Jump Start – was Sie bereits im Vorfeld tun können

Zunächst geht es darum, mögliche Ansatzpunkte zu identifizieren, die Sie bereits im Vorfeld des eigentlichen Arbeitsbeginns in Angriff nehmen können, um sich den Start zu erleichtern.

Vorhandene Defizite abbauen

Zwischen der Unterschrift unter den Arbeitsvertrag und dem Berufsstart liegen meist einige Wochen, teilweise auch Monate. Für viele Studenten wird diese Zeit durch letzte Examina oder den Abschluss der Bachelor- oder Masterthesis bestimmt. Andere nutzen noch einmal die Chance für eine unbeschwerte längere Auslandsreise, bevor der Ernst des Lebens so richtig beginnt. Bei all Ihren Überlegungen sollten Sie jedoch im Auge behalten, welche Maßnahmen im Vorfeld des Berufsstarts Ihnen den Einstieg erleichtern könnten. Dies beginnt damit, sich die Anforderungen der Einstiegsstelle nochmals bewusst zu machen und diese mit den eigenen Kenntnissen und Fähigkeiten abzugleichen. Wurden zum Beispiel Ihre Englischkenntnisse im Rahmen des Einstellinterviews kritisch hinterfragt und ein entsprechender Qualifizierungsbedarf identifiziert, ist es sinnvoll, hier bereits vor der Arbeitsaufnahme entsprechende Maßnahmen zu ergreifen. Oftmals lässt sich dies im Fall von Fremdsprachenkenntnissen mit Reiseplänen verbinden.

Wie heißt das schöne Sprichwort: Was du heute kannst besorgen, das verschiebe nicht auf morgen. Qualifizierungsmaßnahmen werden Ihnen in Verbindung mit der zusätzlichen Belastung der Einarbeitung sicherlich schwerer fallen als der Besuch einzelner Schulungen bereits vor Arbeitsantritt. Bezüglich der Kosten hierfür sollten Sie durchaus mit der Personalabteilung Ihres zukünftigen Arbeitgebers sprechen, inwieweit dieser sich bei konkretem Bildungsbedarf beteiligt. Arbeitgeber sehen es generell positiv, wenn sich Mitarbeiter selbst aktiv um ihre Weiterqualifizierung kümmern und bereit sind, dafür Freizeit zu investieren.

Legen Sie auch Ihre Hochschulmaterialien (Skripte, Projektarbeiten, Methoden der Problemlösung) nicht allzu weit weg. Sie werden zwar einen großen Teil Ihres theoretisch an der Hochschule erworbenen Wissens in der täglichen Berufspraxis nicht direkt einsetzen können; welche Inhalte dennoch nützlich und hilfreich sind, stellt sich meist erst etwas später heraus.

Sich mit der Branche und dem Unternehmen beschäftigen

Besonders hilfreich ist es, sich möglichst frühzeitig mit dem Unternehmen, der Branche, in der es sich bewegt, und den Mitbewerbern zu beschäftigen. Schalten Sie Ihre diesbezügliche Wahrnehmung auf Empfang und nehmen Sie alles bewusst auf, was hierzu zum Beispiel in der Tagespresse oder im Fernsehen berichtet wird. Dabei wird Ihnen wahrscheinlich auffallen, dass es mehr Ansatzpunkte gibt, als Sie zuvor geglaubt haben. Kennen Sie nicht auch das Phänomen, dass beispielsweise fast nur noch schwarze Golf Cabrios auf der Straße zu sehen sind, wenn Sie diesen Fahrzeugtyp für einen anstehenden Kauf in Erwägung ziehen? Unser Bewusstsein hat hier eine wertvolle Filterfunktion, die uns auf Wahrnehmungen fokussiert, die für uns wichtig sind. So sollten auch Ihr Interesse und Ihre Wahrnehmung auf das zukünftige berufliche Feld ausgerichtet sein. Ich selbst zum Beispiel hatte für den Motorsport nie ein ausgeprägtes Interesse, bis mir die kaufmännische Verantwortung für den Motorsportbereich eines Unternehmens angeboten wurde. Plötzlich verfolgte ich die Formel-1-Rennen sonntags am Fernsehgerät, interessierte mich für die Fahrer und die unterschiedlichen Rennställe — weil das im Hinblick auf meine Tätigkeit von großer Bedeutung war.

Sammeln Sie alle Informationen über Ihren zukünftigen Arbeitgeber, die Sie bekommen können. Hierzu zählen auch Details über seine Geschichte, die Wirtschaftslage und neue Produkte oder Dienstleistungen. Diese sind der Homepage, Geschäftsberichten oder sonstigen Publikationen zu entnehmen. Geht es um die Einstimmung auf das zukünftige Aufgabengebiet, kann es nicht schaden, sich einfach mal eine Fachzeitschrift zu kaufen und damit ein erstes Gefühl für relevante

Themen und Fachbegriffe zu bekommen. Indem Sie sich ohne Druck kontinuierlich mit Ihrem Berufseinstieg und den damit verbundenen Themenstellungen beschäftigen, werden Sie eine erwartungsvolle positive Einstellung gewinnen können.

Kontakt halten bis zum Einstieg

Im Rahmen der Auswahlentscheidung haben Sie sicherlich einige handelnde Personen bei Ihrem zukünftigen Arbeitgeber kennengelernt, darunter bestimmt einen Vertreter des Personalwesens — heute vielfach „HR-Business-Partner" genannt — und auch Ihren zukünftigen Vorgesetzten. Vielleicht hatten Sie zudem die Chance, schon einmal mit einigen Kollegen zu sprechen. Liegen noch mehrere Wochen oder Monate zwischen Vertragsabschluss und Einstieg, ist es ratsam, den Kontakt zu diesen Ansprechpartnern zu halten. Diese Vorgehensweise hat mehrere Vorteile. Zum einen bleiben Sie diesen Personen im Gedächtnis und die Wahrscheinlichkeit, dass man sich auch im Unternehmen Gedanken über die konkrete Form Ihrer Einarbeitung macht, steigt dadurch deutlich. Zum anderen erfahren Sie so aktuelle Entwicklungen, die möglicherweise auch Einfluss auf Ihren Arbeitsplatz haben. Schließlich demonstrieren Sie Ihrem zukünftigen beruflichen Umfeld damit auch Ihr Interesse und Engagement und senden so ein positives Signal.

Der Kontakt kann entweder durch Telefonate oder Besuche erfolgen. Besonders vorteilhaft ist es, wenn Sie an wichtigen Terminen, die Ihr zukünftiges Arbeitsgebiet betreffen, bereits teilnehmen können. Vermitteln Sie diesbezüglich Ihre Bereitschaft, hierfür auch vor Arbeitsbeginn zur Verfügung zu stehen.

Vorbereitungen treffen

Zum Berufseinstieg gilt es auch, viele administrative Hürden zu überwinden. Ist der Einstiegsjob mit einem Wohnortwechsel verbunden, heißt es, sich mit dem Wohnungsmarkt und der Infrastruktur am neuen Standort vertraut zu machen. Ebenso sollten Sie über Ihre Krankenversicherung, die Notwendigkeit eines Girokontos für die Gehaltsüberweisungen und den Abschluss zusätzlicher Versicherungen wie Erwerbsunfähigkeitsversicherung, zusätzliche Altersvorsorge und Reiseversicherung nachdenken, sofern ihr Arbeitgeber diese nicht für Sie abschließt. Wichtiger noch als arbeits- und versicherungstechnische Fragen sind die innere Einstellung und die mentale Vorbereitung auf die Aufgabe, die Sie als Berufsanfänger erwartet.

Nicht nur für Sie selbst bedeutet der Berufseinstieg eine Veränderung. Auch Ihr privates Umfeld wird sehr deutlich wahrnehmen, dass sich Ihr Lebensrhythmus verändert. Stellen Sie sich frühzeitig auf beruflich notwendige Auswärtstätigkeiten und Reisezeiten ein. Diese Erfahrungen werden Sie einerseits mit interessanten Orten, Regionen und Menschen zusammenführen, also bereichern, andererseits Ihr Privatleben belasten. Besonders in der Einarbeitungsphase treten private Aktivitäten in den Hintergrund, da Sie ganz einfach feststellen werden, durch die vielen neuen Eindrücke abends wie erschlagen zu sein. Sie sollten deshalb mit dem Partner und dem Freundeskreis hierüber bereits vorab sprechen und um Verständnis und Akzeptanz bitten. Wenig ratsam ist es auch, während dieser Phase andere weit reichende Veränderungen oder zeitintensive private Projekte zu starten.

Oft sind es die kleinen Dinge, die in der beruflichen Einstiegsphase viel Energie und Zeit kosten. Ein frisch gebügeltes Hemd für jeden Tag, abends noch etwas Essbares im Kühlschrank vorfinden, wenn man erst um 19.00 Uhr aus dem Büro nach Hause hetzt, oder das längst überfällige Reinigen der Wohnung. Überlegen Sie sich, was Sie entlasten könnte.

ARBEITSHILFE ONLINE

ÜBUNG 1: Terminplan im Vorfeld

Denken Sie darüber nach, was Sie im Vorfeld des Berufsstarts erledigen wollen und welche entlastenden Dienstleistungen Sie in Anspruch nehmen möchten. Erstellen Sie einen Terminplan, wann und wie Sie diese Aufgaben in Angriff nehmen.

Erwartungen realistisch einschätzen

Indem Ihr zukünftiger Vorgesetzter sich entschieden hat, Ihnen einen Arbeitsvertrag anzubieten und Sie damit als neuen Mitarbeiter einzustellen, knüpft er konkrete Erwartungen an Sie. Dies kann die Bearbeitung eines bestimmten Projekts sein oder die Übernahme einer Aufgabe innerhalb einer Prozesskette. Auf jeden Fall möchte er sehr schnell die Überzeugung gewinnen, dass es richtig war, Sie einzustellen. Jedem Vorgesetzten ist klar, dass Sie als Hochschulabsolvent eine gewisse Zeit zur Einarbeitung und Eingewöhnung benötigen, bevor Sie produktiv im Sinne des Unternehmens arbeiten können. Ihr Verhalten in der Anfangsphase lässt jedoch schon eine Reihe von Rückschlüssen zu, wie erfolgreich Sie die anstehenden Aufgaben bewältigen werden.

Eine kurze Übersicht der Erwartungen von Vorgesetzten an Hochschulabsolventen als neue Mitarbeiter soll es Ihnen erleichtern, sich bereits vor Arbeitsbeginn damit vertraut zu machen, was auf Sie zukommt. Die Liste ist während zahlreicher Gespräche mit Führungskräften aus der Wirtschaft entstanden:

- Interesse an den Aufgaben und Themenstellungen bekunden
- Lernbereitschaft und Engagement zeigen
- Teamarbeit aktiv mitgestalten
- Offenheit für neue Fragestellungen signalisieren
- Abläufe durchaus kritisch hinterfragen, ohne besserwisserisch aufzutreten
- Flexibilität und die Bereitschaft zur Integration beweisen
- Eigene Grenzen erkennen und zu diesen stehen
- Bereitschaft, Verantwortung zu übernehmen und Risiken zu tragen
- Sich als Teil des Ganzen zu verstehen und Hilfsbereitschaft zu zeigen
- Möglichst schnell auf eigenen Beinen stehen und selbstständig arbeiten
- Nicht arrogant auftreten und sich für Routineaufgaben nicht zu fein sein
- Eigenes Fachwissen einbringen und Unternehmensziele mittragen

Aus dieser Zusammenstellung wird deutlich, dass sich ein großer Teil der Erwartungen an neue Mitarbeiter auf das Verhalten beziehen und auf die Fähigkeit, sich ohne größere Probleme in das Arbeitsumfeld zu integrieren. Nehmen Sie sich fest vor, freundlich und offen auf Ihre zukünftigen Vorgesetzten und Kollegen zuzugehen. Indem Sie ihnen das Gefühl vermitteln, sich für ihre Aufgaben zu interessieren, und die Bereitschaft zeigen, sich und ihre Arbeitskraft einzubringen, haben Sie schon einen wichtigen ersten Schritt getan, um die an Sie gestellten Erwartungen zu erfüllen.

Mit dem Einstieg in ein Unternehmen sollten Sie sich auch von der prüfungsbedingten Methodik des allein Vorbereitens und Arbeitens weitgehend verabschieden. In der Berufswelt geht es nicht um das Bestehen von Klausuren, obwohl jeder Arbeitstag eine erneute Prüfung ist. Sie dürfen, nein, Sie müssen sich etwas abgucken, denn nur so lässt sich teure Doppelarbeit vermeiden. Ausschließlich der Erfolg für das Team und das Unternehmen zählt und trägt dazu bei, dass die Wertschätzung Ihnen gegenüber wächst.

Von Ihnen wird erwartet, dass Sie bereit sind, im Team zu arbeiten und die Zusammenarbeit mit Kunden und Kollegen aktiv betreiben. Dies erfordert intensive Kommunikation und eine nicht zu unterschätzende Integrationsfähigkeit. Insbesondere Naturwissenschaftler und Ingenieure messen dieser Anforderung in der Regel nicht genug Bedeutung bei. Bereiten Sie sich auf die Notwendigkeit zur Kommunikation in Form von Gesprächen, Verhandlungen, moderierten Diskussionen, Präsentationen und Referaten/Vorträgen vor, sind dies doch die gängigsten Kommunikationsformen in Wirtschaft und Verwaltung. Immer häufiger werden Sie aufgrund der globalen Ausrichtung der Unternehmen auch an sogenannten „Calls“ teilnehmen, also an Telefon- oder Videokonferenzen zum Austausch über bestimmte Themen.

Ziele setzen

Nur wer ein Ziel hat, weiß, wo er hin will. Sie sollten sich deshalb bereits vor Arbeitsbeginn einen groben Fahrplan erstellen, was Sie bis zu welchem Zeitpunkt im Rahmen der Einarbeitung und Integration erreicht haben möchten. Er gibt Ihnen eine erste Orientierung und hilft Ihnen, zielgerichtet Ihren Berufseinstieg zu verfolgen. Es folgen ein paar Anregungen, welche Ziele geeignet sind, um nach vier Wochen eine erste Bestandsaufnahme durchzuführen:

- Alle Mitarbeiter in meinem direkten Arbeitsumfeld mit Namen kennen
- Die Abkürzungen der Abteilungen und Bereiche in meinem Umfeld verstehen
- Eine konkrete Vorstellung haben, welche Aufgaben in meinem Arbeitsbereich anstehen
- Mir einen ersten groben Überblick über die Teilbereiche des Unternehmens verschaffen
- Einen konkreten Einarbeitungsplan haben und diesen bereits durchlaufen
- Mit meinem Vorgesetzten über Zielvereinbarungen sprechen
- Notwendige Qualifizierungsmaßnahmen mit dem Vorgesetzten festlegen
- Meinen Einstand planen
- Die optimale Fahrtroute in die Firma finden
- Sich mit den neuen Kollegen mal privat treffen

ARBEITSHILFE ONLINE

ÜBUNG 2: Zieleplan für die ersten vier Wochen

Erstellen Sie einen Zieleplan für Ihre ersten vier Wochen.

Ziel	Unterstützung durch

Seien Sie sich darüber im Klaren, dass Sie möglichst frühzeitig Verantwortung für Ihren beruflichen Werdegang übernehmen sollten. Dies beginnt bereits in der frühen Phase des Berufseinstiegs. Wer nur darauf wartet, dass sich andere um seine Einarbeitung kümmern, läuft leicht Gefahr, auf der Strecke zu bleiben. Eigeninitiative und das Übernehmen von Verantwortung sind in allen beruflichen Phasen zentrale Bestandteile für den Erfolg.

Mit Schwierigkeiten rechnen

Viele Hochschulabsolventen verbinden mit dem Berufseinstieg die Aussicht auf das große Geld, Freiheit, das Gefühl, endlich auf eigenen Beinen stehen zu können und unabhängig zu sein. Diese Vorfreude verklärt manchmal den Blick dafür, dass es im Zusammenhang mit dem Karrierestart auch Schwierigkeiten geben kann. Da ist der Chef, der viel zu hohe Erwartungen in puncto zeitlichen Engagements hat, ältere Kollegen, die Angst haben, dem jungen Akademiker intellektuell unterlegen zu sein und deshalb Informationen ganz einfach nicht weitergeben, oder ein Kunde, der Sie als neuen Ansprechpartner nicht für voll nimmt.

Der Wechsel vom Studentendasein zum Arbeitnehmeralltag vollzieht sich nicht ohne Probleme. Vergessen Sie die Annehmlichkeiten des Studiums mit seinen manchmal auch exzentrischen Arbeitszeiten nach dem Motto: „Ich lerne am besten nachts um zwei Uhr." Sie haben es von nun an mit einer vertraglich — und damit juristisch — festgelegten Arbeitsdauer zu tun. Der Arbeitsbeginn regelt sich nach den zwischen Geschäftsleitung und Betriebsrat ausgehandelten Modalitäten. Insgesamt hat sich die Flexibilisierung der Arbeitszeit inzwischen immer mehr durchgesetzt, dennoch gibt es Regeln, zum Beispiel Kernarbeitszeiten, zu denen Mitarbeiter anwesend sein sollten. So macht es wenig Sinn, wenn Sie beispielsweise bereits vor Beginn der offiziellen Kernarbeitszeit um 7.00 Uhr morgens kommen, Ihre Kollegen aber erst gegen 8.15 Uhr eintreffen und dafür abends länger bleiben. Auf diese Weise werden Sie in der Anfangsphase nicht viel von der Arbeit mitbekommen und eher böse Blicke ernten, wenn Sie bereits um 16.00 Uhr gehen, während alle anderen noch eifrig arbeiten und Ihre Hilfe benötigt würde. Wer hier nicht genug Sensibilität besitzt und die Spielregeln beachtet, kann sich leicht unbeliebt machen.

Des Weiteren sollten auch nicht kaufmännisch geschulte Hochschulabsolventen beginnen, einen Begriff in ihren Wortschatz aufzunehmen: „Kosten". Das Wort wird Sie durch das komplette Berufsleben hindurch begleiten. Jede Ihrer Tätigkeiten wird unter diesem Aspekt beleuchtet werden. Sie selbst werden lernen müssen, dieses Thema als einen Dauerbrenner zu betrachten, der Ihre Arbeit in nachhaltiger Weise beeinflusst.

Rechnen Sie damit, dass Sie Schwierigkeiten beim Ihrem Berufseinstieg überwinden müssen. Wichtig ist zunächst das Bewusstsein, dass es ganz normal ist, sich in der Anfangsphase unsicher und in manchen Situationen unwohl zu fühlen. Erst die Erfahrung bringt eine gewisse Souveränität, die es Ihnen ermöglicht, Dinge gelassener zu sehen. Aus vielen Gesprächen mit Berufsstartern wird deutlich, durch welche emotionalen Hochs und Tiefs sie gehen mussten, bevor sie sich einigermaßen sicher in ihrem Job und ihrer neuen Rolle fühlen konnten. Wer sich klar vor Augen führt, dass es sich bei dem Berufseinstieg um einen Prozess handelt, ist weniger gefährdet, vorschnell das Handtuch zu werfen und resigniert aufzugeben.

TIPP

Noch ein kleiner Hinweis: Finden Sie heraus, welche Kleiderordnung im Betrieb herrscht! Es macht sich nicht gut, wenn Sie am ersten Tag völlig „over-“ oder „underdressed“ erscheinen und Ihrem Vorgesetzten und den neuen Kollegen so die Hand geben müssen. Ihr Start wird möglicherweise negativ belastet. Sollte beispielsweise der Anzug die tägliche Arbeitskleidung darstellen — was in vielen Zentralen der Unternehmen sowie im Banken- und Versicherungsbereich durchaus üblich ist —, sollten Sie rechtzeitig an einen diesbezüglichen Kauf denken.

Coaching als Unterstützung

Der Übergang von der Hochschule zum Beruf stellt eine sehr umfassende Veränderung dar. Diese Phase ist häufig geprägt von Unsicherheit, die eigenen Fähigkeiten und Interessen lassen sich nicht so recht mit den Möglichkeiten und Gegebenheiten des Arbeitsmarkts verbinden. Bevor Sie in Panik verfallen und sich durch die anstehenden Neuerungen überfordert fühlen, sollten Sie darüber nachdenken, ob es für Sie sinnvoll sein könnte, professionelle Unterstützung in Anspruch zu nehmen. Durch Gespräche und eine Begleitung in Form von Coaching können Sie Situationen und das Verhalten anderer realistischer einschätzen und damit Fehlreaktionen vermeiden.

Karriereberatung speziell in der beruflichen Einstiegsphase ist in Deutschland noch nicht so etabliert wie in den USA. Dort wird diese Dienstleistung ganz selbstverständlich in Anspruch genommen, sei es durch sogenannte Career Counselors, die in den Career Centern der Universitäten den Studenten mit Rat und Tat zur Seite stehen, oder durch Karriereberater als freie Dienstleister. Die DGfK Deutsche Gesellschaft für Karriereberatung e. V. hat sich als gemeinnütziger Verein das Ziel gesetzt, sich für mehr Transparenz auf dem Markt der Karriereberatung zu engagieren und Ratsuchenden Hilfestellung bei der Wahl eines Karriereberaters zu geben. Unter www.dgfk.org finden Sie direkten Zugang zu Karriereberatern, die sich den Standards und ethischen Grundsätze der DGfK bei Ihrer Arbeit verpflichten.

Sich kompetente Hilfe zu holen, hat nichts damit zu tun, unfähig zu sein, alleine zurechtzukommen. Es zeigt eher eine Stärke, nämlich die Fähigkeit und Bereitschaft zu erkennen, dass es sinnvoll sein kann, das Wissen und die Erfahrung von Experten für sich zu nutzen.

1.1.2 Was das Unternehmen tun kann

Auch die Unternehmen sind gehalten, zahlreiche Maßnahmen zu ergreifen, um Ihren Einstieg reibungslos zu gestalten. Sofern in Ihrem Fall etwas versäumt wird, können Sie Ihren Vorgesetzten gezielt darauf ansprechen. Schließlich sollte auch er ein großes Interesse daran haben, dass Sie schnell die PS auf die Straße bringen, sprich eigenständig und produktiv arbeiten können.

Formales Einstellprozedere

Bereits vor dem ersten Arbeitstag müssen einige Formalitäten erledigt werden. Für jeden Arbeitnehmer wird zum Beispiel ein sogenannter Personalstammsatz angelegt, der alle wesentlichen Daten über ihn enthält und Grundlage für die Gehaltsabrechnung ist. Zudem benötigt der Arbeitgeber für Finanzamt und Sozialbehörden die Lohnsteuerdaten, einen Nachweis der Mitgliedschaft in einer Krankenkasse und den Sozialversicherungsnachweis der Bundesversicherungsanstalt für Angestellte sowie die Angaben zu einem Konto, auf das das Gehalt überwiesen werden kann. Ausländer aus Nicht-EU-Ländern brauchen darüber hinaus eine Aufenthaltsbescheinigung (vom örtlichen Ordnungsamt) und eine Arbeitserlaubnis (von der zuständigen Agentur für Arbeit), wenn sie eine berufliche Tätigkeit aufnehmen. Da häufig längere Wartezeiten bestehen, ist es ratsam, sich schon sehr früh um die Unterlagen zu bemühen. Unter Umständen muss vor Dienstantritt auch eine betriebsärztliche Untersuchung erfolgen.

Es ist üblich, dass der Arbeitgeber Ihnen bei Vertragsabschluss Bescheid gibt, welche Unterlagen er benötigt. Sollten Sie vorab keine Informationen erhalten, werden Sie selbst aktiv. Ansprechpartner für die administrativen Themen im Zusammenhang mit dem Eintritt ins Unternehmen ist in der Regel der Personalbereich. Insgesamt macht es sich nicht gut, wenn der für Sie zuständige Sachbearbeiter Ihnen wochenlang hinterherlaufen muss, bis er die benötigten Unterlagen und Informationen erhält. Leiten Sie also rechtzeitig alles Notwendige in die Wege, damit Sie sich von Anfang an als zuverlässiger Partner und Kollege erweisen.

Vorbereitungen im Fachbereich

In der Regel wird der Eintritt eines neuen Mitarbeiters von seiner Abteilung beziehungsweise in seinem Arbeitsumfeld sehr positiv aufgenommen. Der Vorgesetzte begrüßt die zusätzliche Arbeitskraft, die es ihm ermöglicht, seine Ziele effizienter zu verfolgen, Themen aufzugreifen oder dass ein Arbeitsgebiet, das vielleicht nach einem Weggang brachlag, wieder besetzt ist. Die Kollegen erhoffen sich Entlastung und bisweilen Unterstützung.

Aber der Neueintritt bedeutet auch zusätzlichen Aufwand und die Notwendigkeit, „den Neuen" erst mal einarbeiten zu müssen. Niemand wird sich der Illusion hingeben, dass ein neuer Mitarbeiter vom ersten Tag an seine volle Leistungsfähigkeit einbringen kann. Er braucht Unterstützung und Einarbeitung und dies bedeutet in der Regel Mehrarbeit für die Kollegen im eigenen beruflichen Umfeld.

Je näher der Eintrittstag rückt, umso mehr Notwendigkeit besteht zu planen, wie der Einstieg konkret verlaufen soll. Dies beginnt mit ganz trivialen Dingen wie der Bereitstellung eines Arbeitsplatzes oder der Vergabe einer persönlichen Identifikation (User-ID) für die IT-Infrastruktur. Wesentlich komplexer und aufwendiger gestaltet sich hingegen die Planung der Einarbeitungsphase. Wie sollen die ersten Tage/Wochen für den neuen Mitarbeiter aussehen? Welche Bereiche, Personen und fachlichen Themen sollte er unbedingt kennenlernen? An welchen begleitenden Maßnahmen wie Schulungen soll er teilnehmen?

Unter dem Druck der Arbeitsfülle wird dem Thema Einarbeitung neuer Mitarbeiter leider häufig nicht die Priorität eingeräumt, die es eigentlich haben sollte. Solange der Mitarbeiter noch nicht da ist, wird die Planung leicht von einem Tag auf den nächsten verschoben, weil gerade dringendere Aufgaben anstehen. In größeren Unternehmen existieren meist formalisierte Ablaufpläne und Checklisten, die dem Vorgesetzten helfen sollen, seinem neuen Mitarbeiter einen guten Start zu ermöglichen. Die Praxis zeigt jedoch: Papier ist geduldig. Selbst noch so gute Manuals helfen nichts, wenn sie nicht berücksichtigt werden, weil der wichtigste Kunde angedroht hat, zum Mitbewerber zu wechseln, die Fertigungslinie umgestellt wird oder die Budgetplanung ansteht und deshalb einfach keine Zeit übrig bleibt.

Sie fragen sich, warum ich Ihnen als neuem Mitarbeiter das alles erzähle? Dieses Hintergrundwissen soll Ihr Verständnis wecken und Sie vor Enttäuschungen bewahren, wenn die Vorbereitungen vielleicht nicht so professionell und umfassend geplant und realisiert werden, wie Sie sich das wünschen. Es soll Sie ferner dazu ermutigen, durch regelmäßigen Kontakt mit dem Vorgesetzten vor Arbeitsaufnahme Präsenz zu zeigen, sich in Erinnerung zu bringen und damit Ihre Einarbeitung in der Prioritätenliste nach oben wandern zu lassen.

1.2 Formen des Berufseinstiegs

Wie Ihr Berufseinstieg verläuft, hängt natürlich in erster Linie vom jeweiligen persönlichen Einzelfall ab. Grundsätzlich müssen jedoch einige wesentliche Gesichtspunkte beachtet werden, die je nach Einstiegsform unterschiedlich zu gewichten sind. Wer als Trainee in den Beruf startet, hat häufig mit anderen Problemen zu kämpfen als ein Direkteinsteiger oder ein Assistent. Erfahren Sie daher mehr über die Chancen und Risiken, die mit den unterschiedlichen Einstiegsformen verbunden sind. In der Praxis werden Sie sehr häufig auf Mischformen treffen, auf die Sie dann die genannten Kriterien entsprechend übertragen können.

1.2.1 Direkteinstieg

Eine Form für Hochschulabsolventen, den Schritt in die Berufswelt zu tun, ist der Direkteinstieg. Dies bedeutet, dass Sie ein festes Aufgabengebiet übernehmen und vom ersten Tag an zu einer Abteilung oder einem Arbeitsteam gehören. Der Einstieg vollzieht sich in der Regel als „Training on the Job", das heißt, Sie werden direkt am Arbeitsplatz mit Ihren zukünftigen Aufgaben vertraut gemacht. Unmittelbare Ansprechpartner sind Ihre Führungskraft sowie die Kollegen. Teilweise werden auch Mentoren und/oder Paten bestimmt, die Ihnen in der Einarbeitungszeit hilfreich zur Seite stehen sollen (siehe Kapitel 1.4.7). Mit zunehmender Erfahrung wird Ihnen mehr und mehr Verantwortung übertragen, bis Sie das Arbeitsgebiet selbstständig bewältigen können. Die Einarbeitung kann durch spezielle „Off-the-Job"-Maßnahmen wie Einführungsseminare und Schulungen, die in der Regel zielgerichtet auf die Einstiegsfunktion zugeschnitten sind, ergänzt werden.

Vorteile

- Chance, bereits nach kurzer Zeit Verantwortung übernehmen zu können
- Selbstständige Bearbeitung eines Aufgabengebiets
- Stabile Arbeitsumgebung mit einem Vorgesetzten und festen Kollegen

Nachteile

- Begrenztheit auf ein enges Arbeitsumfeld
- Wenige Möglichkeiten, sich in größerem Rahmen zu profilieren
- Überblick über Zusammenhänge im Gesamtunternehmen fehlt häufig

Aufgrund der genannten Nachteile oder Risiken sollten Sie als Direkteinsteiger besonders darauf achten, dass Sie im Rahmen Ihrer Einarbeitung die Chance erhalten, über den Tellerrand zu schauen, um Ihre Aufgabe im Gesamtkontext richtig einordnen zu können. Es zeigt sich immer wieder, dass eine zu kurz und eng gefasste Orientierungsphase zu Beginn für die weitere Entwicklung im Unternehmen von Nachteil sein kann. Denn wenn Sie erst einmal in die Alltagsroutine eingebunden sind, bleibt in der Regel keine Zeit mehr, sich einen Überblick über die Gesamtzusammenhänge zu verschaffen. Damit besteht die Gefahr, dass Sie mit Scheuklappen durch die (Arbeits-)Welt gehen und sich deshalb Chancen verbauen. Sie sollten ferner mit Ihrer Führungskraft eine Vorgehensweise vereinbaren, wie die Einarbeitung und das Übernehmen von Verantwortung im zeitlichen Ablauf erfolgen sollen. Durch regelmäßige Feedback-Gespräche gewinnen Sie ein realistisches Gespür dafür, wo Sie stehen und ob Ihr berufliches Umfeld mit Ihren Leistungen und Ihrem Verhalten zufrieden ist.

Nutzen Sie Chancen, um sich zu profilieren. Leider ist der Begriff „profilieren" in unserem Sprachgebrauch sehr negativ besetzt und wird häufig mit Wichtigtun oder Ellenbogenmentalität gleichgesetzt. Mit Profilieren ist hier jedoch nur gemeint, dass Sie bereit sind, sich und ihr Aufgabengebiet innerhalb und außerhalb Ihres Bereichs zu vertreten und sich nicht wie ein graues Mäuschen zu verstecken. Eine sehr gute Möglichkeit hierzu bietet die Mitarbeit in funktionsübergreifenden Projekten, da Sie dann mit Kollegen aus anderen Bereichen zusammentreffen und Ihren Aktionsradius sowie Ihr Netzwerk durch Kontakte innerhalb des Unternehmens erweitern.

Insbesondere beim Direkteinstieg ist es wichtig, von Anfang an einen guten Draht zu den Kollegen zu haben. Wenn es Ihnen gelingt, eine Vertrauensbasis zu schaffen und durch kollegiales Verhalten die Teammitglieder für sich zu gewinnen, werden Sie wesentlich mehr Unterstützung in der Einarbeitungsphase erhalten und sich damit schneller und problemloser zu einem vollwertigen Mitglied und Partner entwickeln können.

1.2.2 Trainee

Bei Traineeprogrammen handelt es sich um eine spezielle Form des Berufseinstiegs für Führungsnachwuchskräfte oder qualifizierte junge Fachleute. Der Begriff „Trainee" wurde aus den USA übernommen und bedeutete ursprünglich „zu Trainierender", also jemand, der eines Trainings bedarf. Wesentliches Merkmal solcher Programme ist, dass der Einsatzbereich häufiger wechselt mit dem Ziel, einen möglichst umfassenden Einblick in das Unternehmen zu erhalten. So sollen Nachwuchskräfte besser darauf vorbereitet werden, Verantwortung zu übernehmen. Die Programme dauern in der Regel zwölf bis 24 Monate, wobei eine Tendenz hin zur Verkürzung festzustellen ist.

Traineeprogramme haben sich im Lauf der Zeit erheblich gewandelt. Früher ähnelten sie unverbindlichen Schnupperkursen, während sie heute wesentlich flexibler und individueller auf den einzelnen Trainee zugeschnitten sind und dem Einzelnen deutlich mehr Eigeninitiative und Verantwortungsbereitschaft abfordern. Wer über diesen Weg startet, wird von Beginn an mehr im Blickpunkt stehen als der Direkteinsteiger. Viele Unternehmen betrachten das Traineeprogramm als „Goldfischteich", aus dem sich die zukünftigen Führungskräfte rekrutieren. Es wird erwartet, dass die Trainees überdurchschnittliches Engagement entwickeln, Kreativität und Initiative zeigen und schnell bereit sind, Verantwortung zu übernehmen.

Als Trainee haben Sie die Chance, das Unternehmen mit all seinen Facetten zu erleben. So ist beispielsweise mit einem Traineeprogramm die Tätigkeit in mehreren Unternehmensbereichen verbunden, möglicherweise sogar auf internationaler Ebene. Vor Ort werden Sie dann mit dem Aufgabenspektrum und der Betriebskultur vertraut gemacht und können unterschiedliche Führungsmethoden und Ablauforganisationen sowie neue Produkte und Prozesse kennenlernen.

Zusätzlich zur Tätigkeit an verschiedenen Arbeitsplätzen nehmen Trainees an einer Vielzahl zum Teil maßgeschneiderter Weiterbildungsveranstaltungen teil. Hierzu gehören neben Fachveranstaltungen Workshops zur Integration in das Unternehmen, Seminare mit Führungskräften aus der oberen Hierarchieebene zu bestimmten Themen, Aufgaben und Verfahren im Unternehmen sowie häufig auch die Schulung in einer weiteren Fremdsprache. Englischkenntnisse werden im Allgemeinen vorausgesetzt. Hinzu kommen meist „Off-the-Job"-Maßnahmen zu Präsentationstechniken und Projektmanagement oder Unternehmensplanspiele.

Beispielhaft beschreibt Silva Hartmann, als HR-Business-Partner auch zuständig für Personalmarketing und Nachwuchsprogramme bei der Robert Bosch GmbH, das dort angebotene Programm.

Aus der Praxis: Expertenwissen

„Bei der Robert Bosch GmbH entscheidet sich der Trainee zunächst für einen von neun Funktionsbereichen (Controlling, Logistik, Einkauf, Fertigung, Forschung und Entwicklung, Informationstechnik, Marketing/Vertrieb, Personal und technischer Vertrieb). In einem Zeitraum von 18 bis 24 Monaten werden vier bis sechs Stationen in dem gewünschten Funktionsbereich – eine davon im Ausland – durchlaufen. Dabei arbeiten die Trainees aktiv im Tagesgeschäft

sowie in Projekten mit und profitieren von professioneller und individueller Betreuung. Die einzelnen Stationen sind auf die Interessen und Fähigkeiten des Trainees ausgerichtet. Über die gesamte Dauer des Programms werden die Trainees von einem persönlichen Mentor betreut und gecoacht. Darüber hinaus steht ihnen ein festes Weiterbildungsbudget für fachliche und überfachliche Seminare zur Verfügung. Einen festen Bewerbungs- oder Einstiegstermin gibt es bei dem Programm nicht.“

Die individuelle Ausgestaltung des Traineeprogramms erfolgt in manchen Unternehmen im persönlichen Gespräch zwischen dem Traineeverantwortlichen und den Trainees. Insbesondere gilt dies für den Sektor der Investitionsgüterindustrie. Im Banken- und Konsumgüterbereich werden häufig weitgehend standardisierte Programme angeboten. Das hängt nicht nur mit inhaltlichen Notwendigkeiten zusammen, sondern auch mit der großen Zahl der Trainees in diesen Branchen, für die sich Individuallösungen kaum organisieren lassen. Oft können sich Trainees auch selbst ein Programm zusammenstellen, das die eigenen Defizite und Interessen berücksichtigt, aber auch den Intentionen des Unternehmens entgegenkommt. Sofern Sie aus einer solchen Ausgangssituation heraus starten, sind Ihre Initiative und Ihr Engagement besonders gefragt, damit das Unternehmen und Sie den größtmöglichen Nutzen erzielen können.

Vorteile

- Breiter Überblick über das Gesamtunternehmen
- Exponierte Stellung als Nachwuchskraft
- Zahlreiche Kontakte und Eindrücke aufgrund verschiedener Stationen und Einsatzbereiche
- Bildung von Netzwerken mit anderen Trainees und Führungskräften, die für die weitere berufliche Entwicklung im Unternehmen hilfreich sind
- „Sanfter Einstieg“, der Orientierung ermöglicht und mit der Chance verbunden ist, die passende Einstiegsposition nach der Traineezeit zu finden

Nachteile

- Übergabe von Verantwortung wird möglicherweise zu lange hinausgezögert
- Neid anderer aufgrund der vermeintlich privilegierten Stellung eines Trainees
- Der Arbeitsbereich nach dem Training im Vorfeld meist noch nicht konkret festgelegt

- Nur kurze Einsätze in den Fachbereichen, daher kein festes soziales Umfeld und hohe Anforderung in puncto Flexibilität und Mobilität
- Erhöhte Belastung, im Blickpunkt zu stehen und sich beweisen zu müssen

Trainees tun gut daran, durch ein verbindliches und freundliches Auftreten Sympathiepunkte zu sammeln. Je elitärer das Programm im Unternehmen positioniert ist, umso mehr Gefahr besteht, dass die Mitarbeiter in den Fachbereichen Ihnen mit einer eher negativen Grundeinstellung und Neidgefühlen begegnen nach dem Motto: „Der ist was Besseres, bekommt alle möglichen Schulungen und will sicherlich gleich Chef spielen.“ Nur wenn es Ihnen gelingt, bei den Stationen des Traineeprogramms Unterstützung von den jeweiligen Mitarbeitern zu erhalten, werden Sie den größten Nutzen aus diesem Programm ziehen können. Versuchen Sie aktiv in den Fachbereichen mitzuarbeiten und den anderen nicht nur über die Schulter zu schauen. Indem Sie Aufgaben übernehmen, sorgen Sie für die notwendige Integration und Akzeptanz in den Fachbereichen und können praktische Erfahrung sammeln. So ergeben sich häufig schon während der Traineezeit konkrete Ansatzpunkte für den weiteren Einsatz im Unternehmen.

Eine besondere Chance bietet sich, wenn Trainees in „Trainee-Teams“ an Projekten arbeiten, die sie intern bei Bereichsleitern „akquirieren“. Es handelt sich dabei um Problemstellungen, für die eine Lösung zwar dringend gesucht wird, deren Bearbeitung jedoch aus Zeit- oder Personalmangel bisher unterblieb. Die Ergebnisse werden nach Abschluss des Projekts den „Auftraggebern“ präsentiert. Häufig führen solche Projekte, die unter dem Einfluss der Kreativität junger Mitarbeiter stehen und bei denen innerbetriebliche Traditionen daher keine Rolle spielen, zu gravierenden Veränderungen im Unternehmen.

Zahlreiche Traineeprogramme enthalten diese Art der Projektarbeit bereits als festen Bestandteil. Da in den Unternehmen generell immer mehr Aufgaben in Projektstrukturen abgearbeitet werden, ist das eine gute Übung, um frühzeitig mit dieser Arbeitsmethode Erfahrung zu sammeln. Die ZF Friedrichshafen AG hat zum Beispiel ihr „Internationales Traineeprogramm“ ausschließlich auf Projekteinsätzen aufgebaut, wobei zwischen den einzelnen Projekten „Off-the-Job“-Trainingsmaßnahmen stattfinden.

STRUKTUR UND AUFBAU DES PROGRAMMS

DEN EIGENEN WEG GESTALTEN

Das Internationale Post-Graduate Traineeprogramm des ZF-Konzerns beginnt jährlich im Oktober und dauert 15 Monate.

In diesem Zeitraum bearbeitet jeder Trainee vier individuelle Projekte, die jeweils drei bis vier Monate dauern.

Jedes der Projekte wird an einem anderen ZF-Standort absolviert - eines davon im Ausland.

Durch ein zusätzliches Projekt, das von allen Trainees während der gesamten Laufzeit des Traineeprogramms gemeinsam bearbeitet wird, werden umfangreiche praktische Erfahrungen im Projektmanagement gesammelt.

Workshops und Seminare runden das Internationale Post-Graduate Traineeprogramm ab und werden jeweils zum Projektwechsel im Rahmen so genannter Zentralveranstaltungen durchgeführt.

Wollen Sie mehr wissen? Entdecken Sie die Welt der ZF-Trainees aus fünf verschiedenen Perspektiven. Persönliche Erfahrungen. Echte Einblicke. Der ZF-Traineeblog. Dabei sein und mitmachen auf http://ZFTrainee.Tumblr.com

Das Post-Graduate Traineeprogramm des ZF-Konzerns

Sieht in Ihrem Fall das Unternehmen keine Projektarbeit vor, sollten Sie sich aktiv um einen solchen Einsatz bemühen. Da in der Regel noch nicht feststeht, welchen konkreten Arbeitsplatz Sie im Anschluss an das Traineeprogramm besetzen werden, sind Sie gehalten, sich im Rahmen Ihrer Tätigkeiten einen eigenen Markt zu schaffen und sich bei potenziellen Vorgesetzten ins Gespräch zu bringen. Gerade für einen Trainee geht es darum, die Einstiegsplanung selbst in die Hand zu nehmen und sich durch gute Leistungen und passende Kontakte Perspektiven zu erarbeiten. Betrachten Sie die Traineezeit nicht als lockeren Einstieg, der den eigentlichen Sprung ins Berufsleben noch etwas hinauszögert, sondern als Herausforderung, sich in einem Unternehmen zu positionieren und möglichst viel an Insiderwissen und Kontakten zu gewinnen.

! WICHTIG

Unternehmen bieten oftmals für die Traineezeit einen befristeten Anstellungsvertrag an. Dies bedeutet, dass keine Übernahmegarantie besteht, sondern anschließend ein neuer Arbeitsvertrag abgeschlossen wird, für den wiederum eine Probezeit gilt. In diesem Fall ist das Traineeprogramm noch mehr als Bewährungszeit zu verstehen, um in ein unbefristetes Arbeitsverhältnis übernommen zu werden.

1.2.3 Assistent

Für einige Hochschulabsolventen stellt der Berufseinstieg als Assistent eines Vorstands oder Geschäftsführers den Traumstart dar. Das hautnahe Miterleben strategischer Entscheidungen im Unternehmen hat gewiss einen besonderen Reiz. Als Assistent haben Sie die Chance, sich einen hervorragenden Überblick über das Gesamtunternehmen zu verschaffen und direkten Zugang zu den oberen Führungskräften zu bekommen. Das wiederum bedeutet, dass Sie im absoluten Blickpunkt stehen und keiner Ihrer Schritte oder Handgriffe unbemerkt bleibt. Sicherlich ist der Weg, über eine Assistententätigkeit schnell in eine verantwortliche Linien- oder Projektfunktion zu kommen, eine unter Karrieregesichtspunkten reizvolle Variante, die in der Regel nur Top-Absolventen mit umfassenden Zusatzqualifikationen angeboten wird. Ein MBA-Abschluss oder eine Promotion sind nicht selten Voraussetzung dafür, so in ein Unternehmen einzusteigen.

Die Kehrseite ist, dass Sie als Assistent auf Gedeih und Verderb einer Führungskraft „ausgeliefert" sind. Stellt sich heraus, dass die Chemie nicht stimmt oder Sie aufgrund anderer Kriterien den Erwartungen nicht gerecht werden, bedeutet dies meist das Aus im Unternehmen. Kein Bereichsleiter wird Ihnen eine zweite Chance geben, wenn Sie bei einem Vorstand in Ungnade gefallen sind und er sie loswerden möchte.

Vorteile

- Exzellenter Überblick über die Gesamtaktivitäten des Unternehmens
- Strategischer Einblick in das Unternehmensgeschehen
- Direkter Kontakt zu den Führungskräften
- Chance, im Fokus zu stehen

Nachteile

- Extreme Abhängigkeit von nur einer Person
- Wenn die Zusammenarbeit mit dem Vorgesetzten nicht klappt, gibt es meist keine Alternativen mehr im Unternehmen
- Das eigene Handeln und die Akzeptanz im Unternehmen sind in der Regel auf dem Status des Vorgesetzten begründet, nicht auf die eigene Autorität
- Gefahr des Verharrens in der Dauerstellung „Assistent" ohne die Chance, Verantwortung übernehmen zu dürfen
- Gefahr, als „hochrangiger Sekretär" missbraucht zu werden
- Erhöhtes Risiko, bei Intrigen und Machtspielen zwischen die Fronten auf der Führungsebene zu geraten und Situationen aufgrund mangelnder Berufserfahrung falsch einzuschätzen

Wenn Sie sich dafür entscheiden, als Assistent Ihre berufliche Laufbahn zu beginnen, sollten Sie ein extremes Fingerspitzengefühl dafür entwickeln, wie Sie am besten mit Ihrem Vorgesetzten zusammenarbeiten können, und herausfinden, welche Vorlieben er hat. Die Erfahrung zeigt, dass Menschen, die sich in der Führungshierarchie nach ganz oben vorgearbeitet haben, ein sehr ausgeprägtes Ego besitzen und besonders hohe Anforderungen an ihre Umwelt stellen. Das heißt: Auch Sie als Assistent müssen eine ausgeprägte Professionalität an den Tag legen, um den Anforderungen gerecht werden zu können. Knüpfen Sie intensive Kontakte in die anderen Führungs- und Linienbereiche – nicht zuletzt, um Situationen aus verschiedenen Blickwinkeln kennenzulernen.

Machen Sie sich keine allzu großen Hoffnungen, intensiv eingearbeitet zu werden. Top-Führungskräfte zeichnen sich in der Regel nicht durch Geduld aus. Dies bedeutet, dass Sie sich viele Dinge selbst erarbeiten müssen und kaum Gelegenheit haben werden, über fehlende Zusammenhänge und Unklarheiten ausführlich mit Ihrem Vorgesetzten diskutieren zu können. Eine Führungskraft wird Sie dann als guten Assistenten schätzen, wenn Sie Aufträge annehmen und mit der Rückmeldung „erledigt" abschließen beziehungsweise die gewünschten Informationen beschaffen. Ihre Kunst sollte darin bestehen, die sich zweifellos ergebenden

Unklarheiten und Wissenslücken über Drittkontakte zu beseitigen und sich selbst das notwendige Verständnis über Zusammenhänge zu verschaffen. Hier kann die Chefsekretärin eine wichtige Stütze und Ansprechpartnerin sein, da sie in der Regel den gemeinsamen Chef sehr gut kennt und über gute Kontakte im Unternehmen verfügt. Geben Sie ihr niemals das Gefühl, dass Sie sie nicht für voll nehmen, und vermeiden Sie arrogantes Verhalten, das darauf schließen lässt, dass Sie sie nicht als gleichwertigen Partner betrachten.

Als Assistent sollten Sie Ihrer Führungskraft den Rücken freihalten und sie entlasten, so deren Erwartungshaltung. Suchen Sie dennoch den intensiven Kontakt zu Ihrem Vorgesetzten, um möglichst viel darüber zu lernen, wie er denkt und welche Prioritäten er setzt. Seine Verhaltensmuster für erfolgreiches Handeln können Ihnen hilfreiche Orientierung bieten, um Ihren eigenen Weg zu finden. Stellen Sie sich darauf ein, dass Sie sich um Ihre Einarbeitung und Weiterbildung in erster Linie selbst kümmern müssen. Richten Sie sich dabei insbesondere nach Ihren weiteren beruflichen Zielen im Anschluss an die Assistentenzeit. Sprechen Sie außerdem sehr offen mit Ihrem Vorgesetzten darüber, welche zeitliche und inhaltliche Dimension von beiden Seiten zugrunde gelegt wird, um nicht Gefahr zu laufen, in die Rolle des „ewigen Assistenten" zu geraten. Länger als zwei bis maximal drei Jahre ist es im Allgemeinen nicht ratsam, als Berufseinsteiger in einer Assistententätigkeit zu verharren, ganz gleich wie interessant die Aufgaben auch sein mögen.

TIPP

Das Top-Management ist in der Regel so weit von der Basis entfernt, dass dort betriebsinterne Strömungen, Gerüchte und die Meinung der Mitarbeiter kaum noch ankommen. Indem Sie mit offenen Augen und Ohren durch das Unternehmen gehen und wichtige Eindrücke und Entwicklungen Ihrem Vorgesetzten kommunizieren, werden Sie zu einem geschätzten Mitarbeiter und Berater.

1.2.4 Volontär

Das Volontariat gilt nach wie vor als klassische Eintrittskarte für den Bereich Presse, Verlag und Medien. Es lässt sich am ehesten mit einem Traineeprogramm in der Wirtschaft vergleichen: Wechselnde Einsätze in unterschiedlichen Bereichen sollen einen Überblick über die Zusammenhänge vermitteln und es gleichzeitig ermöglichen, erste praktische Erfahrung zu sammeln. Ein Volontariat ist in der Regel auf ein bis zwei Jahre ausgerichtet. Wer durch dieses Nadelöhr erfolgreich geschlüpft ist und einen der begehrten Volontariatsplätze erhalten hat, für den sind die Aussichten gut, in dieser Branche dauerhaft Fuß zu fassen. Eine Garantie für die Übernahme am Ende des Volontariats besteht in der Regel allerdings nicht.

Vorteile

- Breiter Überblick über die Gesamtorganisation
- Zahlreiche Kontakte und Eindrücke aufgrund verschiedener Stationen und Einsatzbereiche
- Bildung von Netzwerken mit anderen Volontären und Führungskräften, die für die weitere berufliche Entwicklung im Unternehmen hilfreich sind
- „Weicher Einstieg", der die Möglichkeit der Orientierung bietet, verbunden mit der Chance, die passende Einstiegsposition nach dem Volontariat finden zu können

Nachteile

- „Hans Dampf in allen Gassen" sein zu müssen, der immer die ungeliebten Arbeiten der anderen übernehmen muss
- In sich abgeschlossene Ausbildungsphase, die keine Garantie auf eine Übernahme beinhaltet

Wenn Sie sich für eine berufliche Laufbahn in den Medien entschieden haben, stellt das Volontariat nach wie vor die beste Möglichkeit zum Einstieg dar. Entscheidend ist, dass Sie die Volontariatszeit so intensiv wie möglich nutzen, um Kontakte zu knüpfen und sich unentbehrlich zu machen. Eignen Sie sich Recherche- und Arbeitstechniken an und entwickeln Sie ein Gespür dafür, welche Themen im Haus gut ankommen oder eher Tabus sind. Das richtige Händchen für Themen zu haben und gleichzeitig dafür zu sorgen, dass Sie über eine ausreichende Lobby verfügen, die Sie in Ihren Aktivitäten unterstützt, sind unerlässliche Voraussetzungen für Erfolg in der Medienbranche.

1.2.5 Junior-Berater

Junior-Consultant, Business-Analyst oder ganz einfach Junior-Berater: In der Regel beschreiben solche Bezeichnungen die Einstiegsstufe für Hochschulabsolventen in der Beratungsbranche. Die McKinseys und Accentures dieser Welt verzeichnen einen hohen Bedarf an Nachwuchskräften, die in Beratungsprojekten beim Kunden zum Einsatz kommen sollen. Wenn Sie sich für eine Laufbahn als Consultant entschieden haben, sollten Sie sich darüber im Klaren sein, dass Ihre zweite Heimat das Hotel ist und Sie im Privatleben mehr Abstriche machen müssen als Ihre Absolventenkollegen mit anderen Einstiegswegen. Dafür werden Sie in der Regel mit einem attraktiven Gehalt und interessanten, abwechslungsreichen Aufgabenstellungen und einer steilen Lernkurve belohnt.

Die Tätigkeit des Consultants vollzieht sich nahezu ausschließlich in Projektstrukturen. Dies bedeutet, dass Sie in einem Beraterteam unter Leitung eines Projektleiters eine zeitlich und budgetmäßig fest umrissene Aufgabenstellung für einen Kunden bearbeiten. Als Hochschulabsolvent werden Sie in der Regel einem erfahrenen Berater zugeordnet, der Sie als Coach während des Projekteinsatzes unter seine Fittiche nimmt und Ihnen unterstützend zur Seite steht. In erster Linie geht es darum, schnell Kenntnisse im Projektmanagement zu erwerben sowie weitere methodische Ansätze zu erlernen, um mit wachsender Erfahrung umfangreichere und anspruchsvollere Aufgaben selbstständig bearbeiten zu können. Als Berater steigen Sie unmittelbar in ein Projekt mit ein und gewinnen über „learning by doing“ Routine im Umgang mit dem Handwerkszeug eines Beraters. Dieser Einstieg ist ein Sprung in ziemlich kaltes Wasser, da Sie in der Regel von Beginn an in Kundenprojekten eingesetzt werden.

Die Karrierelaufbahnen in Beratungsunternehmen sind meist fest vorgegeben, vom Junior-Consultant über Consultant, Senior-Consultant, Vice-President bis hin zum Partner, wobei sich die einzelnen Hierarchiestufen im Wesentlichen durch den Umfang der Verantwortung und den Grad der Erfahrung unterscheiden. Die Performance steht im Mittelpunkt. Wer nicht innerhalb der üblichen Zeiträume die nächste Hierarchiestufe erreicht, wird sich nicht dauerhaft in der Beratung halten können. Vielerorts gilt immer noch der Grundsatz „up or out“.

Vorteile

- Möglichkeit, sich in kurzer Zeit ein breites Erfahrungsspektrum zu erarbeiten
- Abwechslungsreiche Tätigkeit in unterschiedlichen Unternehmen
- Chance, zahlreiche Kontakte zu knüpfen
- Vom ersten Tag an Einbindung in ein Projekt und kontinuierliche Ausweitung des eigenen Aktionsspielraums
- Förderung durch erfahrene Berater mit dem Ziel, möglichst schnell mehr Verantwortung zu übernehmen

Nachteile

- Gefahr, aufgrund der ausgeprägten Reisetätigkeit private Bindungen zu vernachlässigen
- Hoher Leistungsdruck, verstärkt durch die Erwartungen der Kunden
- Wenig Zeit für Einarbeitung, da von Beginn an Einsatz in Kundenprojekten

- Der Erfahrungshorizont begrenzt sich auf die Projektkonzeption und -einführung, von der Umsetzung und den Tagesproblemen in den Unternehmen bekommen die Berater meistens nur wenig mit
- Identifikation mit dem Unternehmen fällt schwer, da kein festes Umfeld und wechselnde Einsatzbereiche, Gefahr der Orientierungslosigkeit
- Hohe Leistungsanforderungen; in den meisten Beratungsunternehmen gilt noch der Grundsatz „up or out“

Wenn Sie als Junior-Berater ihre berufliche Laufbahn beginnen, sollten Sie sich bewusst sein, dass eine ausgeprägte Dienstleistungsmentalität von Ihnen gefordert wird. „Der Kunde hat immer recht“, dieses Argument ist oft zu hören, wenn es zu Unstimmigkeiten zwischen Auftraggeber und Berater kommt. Dienstleistung kommt von dienen, Sie müssen also bereit sein, im Interesse des Kunden einen hohen Einsatz zu bringen. Wenn Ihr Kunde mit Ihrer Leistung nicht zufrieden ist, Sie es also nicht verstehen, ihn für sich zu gewinnen, werden Sie auch im eigenen Haus keine Lorbeeren ernten können. Seien Sie deshalb höflich und zuvorkommend zu den Mitarbeitern des auftraggebenden Unternehmens. Beratern wird häufig nachgesagt, sie seien arrogant. Versuchen Sie besonders in der Anfangszeit nicht, fehlendes Wissen durch überhebliches Auftreten überspielen zu wollen. Muss Ihr Seniorberater oder Ihr Projektleiter sich für Ihr Verhalten oder Ihre Fehler entschuldigen, wird seine Bereitschaft, Sie zu fördern und zu unterstützen, deutlich sinken. Eine Aussage wie „Das ist nicht möglich“ sollten Sie gegenüber Ihren Kunden tunlichst vermeiden und verbindliche Aussagen in der Anfangszeit nur nach vorheriger Abstimmung machen.

Beobachten Sie erfahrene Kollegen, wie sie ein Problem angehen und welche Lösungswege sie beschreiten. Der Berater lebt letztendlich von seinem großen Erfahrungsschatz, der sich im Lauf der Zeit ansammelt. Unterschätzen Sie diesen Vorteil Ihrer Kollegen nicht, sondern versuchen Sie, von ihnen zu lernen. Hohe Einsatzbereitschaft verbunden mit dem Bewusstsein, am Anfang in erster Linie Zuarbeiter zu sein, wird Ihnen den Start erleichtern. Ein Netzwerk mit anderen Junior-Beratern, das einen Erfahrungsaustausch ermöglicht, kann gerade bei dieser Einstiegsform ein sehr hilfreiches Tool sein. Wenn gerade von Werkzeugen die Rede ist: Versuchen Sie so schnell wie möglich, sich das Handwerkszeug eines Beraters anzueignen. Hierzu zählen in erster Linie das Wissen über Projektmanagement als methodische Kompetenz sowie über firmenspezifische Analyse- und Beratungsinstrumente.

Gerade wenn Sie auswärts im Einsatz sind, sollten Sie die Gelegenheit nutzen, mit Ihren Kollegen abends noch Essen zu gehen oder auf ein Bier die Hotelbar zu besuchen. Auch wenn Ihnen das Zusammensein nach einem anstrengenden Arbeitstag eher lästig ist: In solchen eher informellen Situationen werden Sie viel von dem Insiderwissen mitbekommen, das für das erfolgreiche Bestehen als Berater unerlässlich ist.

TIPP

Bemühen Sie sich, zu den Support-Funktionen im Beratungsunternehmen von Anfang an gute Kontakte aufzubauen, sei es Presales, Sales, Backoffice oder Competence-Research-Center. Diese Abteilungen recherchieren die für bestimmte Branchen oder Funktionsbereiche wichtigen Marktdaten und stellen sie den Beratern zur Verfügung. Um sich einen Überblick zu verschaffen, welche Support-Funktionen es gibt, hören Sie in den Einführungsseminaren gut zu oder recherchieren im Intranet des Unternehmens.

1.2.6 Freier Mitarbeiter

Traditionell gesehen ist die Tätigkeit als freier Mitarbeiter für ein Unternehmen eigentlich gar kein Einstieg. Schließlich besteht ja kein klassisches Arbeitsverhältnis mit den üblichen arbeitgeber- und arbeitnehmerseitigen Rechten und Pflichten. Im Hinblick auf die zunehmende Flexibilisierung der Arbeitswelt ist jedoch die freie Mitarbeit, beispielsweise als Subkontraktor, eine sich stark verbreitende Arbeitsform, die nicht nur für erfahrene Profis infrage kommt, sondern auch für Berufseinsteiger. Der freie Mitarbeiter arbeitet auf eigene Rechnung, er agiert entweder als Freiberufler oder Gewerbetreibender, der auftragsbezogen seine Dienste anbietet und hierfür eine Vergütung erhält. Es würde zu weit führen, die Vor- und Nachteile der Selbstständigkeit im Vergleich zu einer abhängigen Beschäftigung umfassend zu erörtern. An dieser Stelle soll es nur darum gehen, inwieweit sie eine Einstiegsvariante für diejenigen darstellen kann, die eine feste Anstellung anstreben, dies aber aus den unterschiedlichsten Gründen nicht auf direktem Weg realisieren können.

Wenn Sie als freier Mitarbeiter für ein Unternehmen arbeiten, hat dies zunächst etwas Unverbindliches an sich, eine dauerhafte Zusammenarbeit ist erst einmal nicht beabsichtigt. Gleichwohl erhalten Sie Zugriff auf Informationsquellen, aus denen Sie einen soliden Grundstock an Wissen über die Arbeitsgebiete und Unternehmensziele gewinnen können. Für das Unternehmen und Sie besteht die Möglichkeit, sich gegenseitig zu beschnuppern, Erfahrungen miteinander zu machen und zu testen, wie sie zueinander passen. Durch gute Leistungen können Sie sich profilieren, Kontakte knüpfen und sich damit als Kandidat für eine Festanstellung ins Gespräch bringen.

Gerade in den Medienbereichen sind sogenannte Feste Freie sehr häufig anzutreffen. Dies bedeutet, dass Sie zwar nicht fest angestellt, aber regelmäßig für das Unternehmen tätig sind. Es gilt zu beachten, dass sich hier häufig die Problematik der Scheinselbstständigkeit stellt, wenn Sie nur für einen Auftraggeber tätig sind.

Vorteile

- Möglichkeit, teilweise auch parallel in mehreren Unternehmen Erfahrungen zu sammeln und Kontakte zu knüpfen
- Chance, ein Unternehmen kennenzulernen und zu prüfen, ob man dort dauerhaft arbeiten möchte, ohne sich fest zu binden
- Hohe Flexibilität

Nachteile

- Keine Garantie auf eine dauerhafte Beschäftigung
- Kein gesichertes Einkommen
- Keine vollständige Integration in die Betriebsabläufe

Wenn Sie den Weg über eine freie Mitarbeit gehen und eigentlich eine Festanstellung anstreben, sollten Sie besonderen Wert darauf legen, Kontakte zu knüpfen. Dann besteht die Chance, dass Sie sehr früh von freien Stellen erfahren und sich ins Gespräch bringen können. Gegenüber einem externen Bewerber haben Sie den entscheidenden Vorteil, schon über unternehmensspezifische Kenntnisse zu verfügen; dadurch würde sich die klassische Einarbeitungszeit deutlich reduzieren. Wenn Sie bereits erste Erfolge nachweisen können und Mitarbeiter des Unternehmens von Ihrer Leistungsfähigkeit und Einsatzbereitschaft überzeugt haben, verfügen Sie über die schlagkräftigsten Argumente, warum man Ihnen einen festen Arbeitsvertrag anbieten sollte. Diese Vorteile gilt es zu nutzen.

1.2.7 Zeitarbeit

Ähnlich wie die freie Mitarbeit ist inzwischen auch die Übernahme im Anschluss an einen Einsatz über ein Personaldienstleistungsunternehmen — besser bekannt als Zeitarbeitsfirmen — eine übliche Einstiegsform. Dabei gelten im Wesentlichen die gleichen Kriterien wie bei der freien Mitarbeit, allerdings mit dem entscheidenden Unterschied, dass Sie während der Tätigkeit einen Anstellungsvertrag mit einem Personaldienstleister haben. Damit sind alle Rechte und Pflichten verbunden, wie sie bei jedem anderen Arbeitsverhältnis gelten. So haben Sie unter anderem Anspruch auf Lohnfortzahlung im Krankheitsfall, Urlaubsanspruch und Sie sind sozialversichert. Insbesondere in den kaufmännischen und Ingenieursberufen werden Absolventen verstärkt über Personaldienstleister bzw. Engineering- Offices bei Kunden eingesetzt. Damit ist auch dieser Weg eine interessante Einstiegsvariante für Hochschulabsolventen.

Ruth Döring ist Regionalleiterin der Region Rhein-Main beim Personaldienstleister Orizon (www.orizon.de). In dem bundesweit tätigen Unternehmen kümmern sich spezialisierte Teams um die Personalüberlassung und die direkte Personalvermittlung im Segment Fach- und Führungskräfte. Sie beschreibt die Chancen und Möglichkeiten, die sie für Hochschulabsolventen im Wachstumsmarkt der Personaldienstleistungen sieht.

Aus der Praxis: Expertenwissen

„Ein Einstieg über die Zeitarbeit? Dafür hätte ich doch nicht studieren müssen." Das höre ich oft, wenn ich mit Hochschulabsolventen über diesen Weg des Berufsstarts spreche. Häufig wird die Zeitarbeit mit dem kurzfristigen Einsatz geringqualifizierter Aushilfskräfte verbunden. Aber: Der Markt hat sich deutlich gewandelt.

Nach der Abwanderung einfacher Tätigkeiten in Niedriglohnländer ist eine zweite Welle der externen Vergabe von Arbeit entstanden, die sich auf höher qualifizierte und komplexere Tätigkeiten konzentriert. Unsere Kunden fragen verstärkt nach jungen, gut ausgebildeten Akademikerinnen und Akademikern, die sie flexibel in ihre Organisationsstrukturen integrieren oder in Projekten zielgerichtet einsetzen können. Als Partner unserer Kunden ist es unsere Aufgabe, Kandidaten mit einer hohen Passgenauigkeit für die entsprechenden Aufgaben zu finden. Um dieser veränderten Nachfrageentwicklung auch in Zukunft gerecht werden zu können, widmen wir der Zielgruppe der Hochschulabsolventen und Young Professionals eine besondere Aufmerksamkeit. Zusätzlich zum Orizon-Durchstarter, mit dem wir unter anderem Hochschulabsolventen im Bereich Bewerbung unterstützen, bieten wir Studenten und Absolventen spezielle Karriere-Events. Dort haben sie die Möglichkeit, mit Unternehmensvertretern, Karriereberatern und anderen Arbeitsmarktexperten in zwanglosen Kontakt zu kommen und sich individuell beraten zu lassen, um wichtige Impulse für die weitere berufliche Planung zu erhalten. Somit verstehen wir uns nicht nur als Dienstleister für unsere Kunden, sondern auch als kompetenter Ansprechpartner und Berater für qualifizierte Nachwuchskräfte, wenn es um das Thema Berufseinstieg oder Jobwechsel geht.

Immer mehr Kunden entdecken und nutzen die Zeitarbeit auch gezielt als Rekrutierungsinstrument, um die Kandidaten im realen Arbeitsalltag kennenzulernen, bevor sie sie einstellen. Von großem Vorteil ist unser großes Netzwerk an Kundenkontakten. Neben kleinen und mittleren, attraktiven Firmen gehören die meisten der wichtigsten und größten Unternehmen Deutschlands zu unseren Kunden, darunter eine Vielzahl der im DAX notierten Konzerne. Gerade den Young Professionals steht mit unserem Bereich der Personalvermittlung für Fach- und Führungskräfte eine besondere Möglichkeit offen, sich am Arbeitsmarkt zu präsentieren. Über individuelle Dossiers können sich interessierte

Unternehmen einen sehr guten ersten Eindruck von den Berufsprofilen der Kandidaten verschaffen. Während des gesamten Matching-Prozesses stehen unsere Personalberater sowohl den Unternehmen als auch den Bewerbern mit Rat und Tat zur Seite. Denn nur, wenn beide Seiten ein gutes Gefühl haben, ist die Grundlage für eine erfolgreiche Zusammenarbeit geschaffen. Daran arbeiten wir mit viel Erfahrung, innovativen Ideen und hoher Professionalität.

1.2.8 Persönliche Erfahrungsberichte

Nachdem wir die Formen des Berufseinstiegs bisher beschreibend dargestellt haben, sollen nun Absolventen direkt zu Wort kommen. So folgen kurze Erfahrungsberichte von zwei Berufseinsteigern. Es handelt sich um individuelle Erlebnisse, aus denen keine allgemeinen Rückschlüsse auf die jeweilige Einstiegsform gezogen werden sollten. Zuerst berichtet Carola Meyer, Diplomkauffrau, über Ihre Erfahrungen beim Einstieg als Mediaberaterin im Anzeigenverkauf in einer Verlagsgruppe nach einem Studium der Wirtschafts- und Sozialwissenschaften.

Aus der Praxis: Erfahrungsbericht

„Nach fünf Jahren BWL-Studium wünschte ich mir das, was sich wohl jeder Uniabgänger nach langen Jahren mit viel Theorie wünscht: einen interessanten Job in einem noch interessanteren Unternehmen. Ich hatte mich schon während des Studiums auf die Fächer Marketing und Psychologie spezialisiert und wollte auch in diesen Bereichen arbeiten. Seit einem Praktikum in einer Verlagsgruppe in Hamburg war ich vom Verlagsvirus infiziert. Die Printmedien entsprachen ganz meinem Geschmack: vielseitig, innovativ, kreativ, dynamisch und einen Tick chaotisch. Außerdem hatte ich dort mit Produkten zu tun, die mich auch persönlich interessierten.

Zum Anzeigenverkauf und meinem ersten Arbeitgeber, einer Verlagsgruppe, kam ich aber trotzdem wie die Jungfrau zum Kinde. Ich kannte zwar den Fachverlag mit seinem renommierten Buchbereich, aber die Magazine waren mir unbekannt und vom klassischen Verkauf hatte ich keine Ahnung. Die Ernüchterung ließ nicht lange auf sich warten. Als sogenannter High Potential erwartete ich eine strukturierte Einarbeitung. Fehlanzeige! Es gab weder spezielle Einarbeitungs- oder Traineeprogramme noch erhöhte Karrierechancen für Uni-Absolventen. Die im Bewerbungsgespräch so interessant klingenden Perspektiven im Unternehmen wurden immer unklarer, da die Personalabteilung für Personalentwicklungsmaßnahmen nicht gerüstet war.

Nach der Devise ‚learning by doing‘ wurde ich erst einmal mit einem Stapel Bücher über Direkt- und Telefonmarketing sowie einigen schriftlichen Informationen über meine zukünftige Tätigkeit versorgt. Verkaufserfahrung sollte

ich durch das Zuhören bei Kundengesprächen meines Chefs am Telefon und als Begleitung bei Präsentationen und Messebesuchen gewinnen, umfassendere Erkenntnisse über Konzeptionen und Strategien durch wöchentlich stattfindende Meetings mit der Verlags- und Anzeigenleitung. Leider erwiesen sich diese Zusammentreffen schon bald als Austragungsort diverser Machtkämpfe im Unternehmen und weniger als Diskussionsforum.
Alles in allem war mein erstes Berufsjahr geprägt von Höhen und Tiefen. Gut fand ich vor allem die netten Kollegen, guten Kundenkontakte und die relativ stark ausgeprägte Selbstständigkeit. Schwierig waren die eher destruktive Unternehmenskultur und fehlende Perspektiven. Ich bin dann doch drei Jahre geblieben, da zufällig eine Stelle bei einer anderen Fachzeitschrift in der Verlagsgruppe mit mehr Marketingverantwortung zu besetzen war.
Ich glaube, einen gewissen Praxisschock erlebt jeder beim Berufseinstieg, da die Erwartungen nach der Uni oft überzogen sind. Deshalb sollte man sein Schicksal von Anfang an selbst in die Hand nehmen, sich klare Ziele setzen und diese zielstrebig verfolgen. Der Nasenfaktor spielt hierbei eine entscheidende Rolle. Umso wichtiger ist es deshalb die richtigen Leute kennenzulernen und diese Kontakte für die eigene Karriereplanung zu nutzen. Und immer wieder geben Glück und Zufall der Berufslaufbahn eine entscheidende Wendung.
Mein Tipp an alle Uni-Abgänger, die eine Marketing- oder Verkaufskarriere im Verlag anstreben: Unbedingt bei einem renommierten Top-Verlag, am besten Publikumsverlag, als Trainee einsteigen. So kann man die nötigen Kontakte knüpfen und seine persönlichen Präferenzen am besten erkennen. Die Printmedien sind nicht unbedingt klassische Kaderschmieden à la Procter & Gamble in der Konsumgüterindustrie, dafür sind Quereinsteiger und Bewerber mit exotischeren Lebensläufen durchaus willkommen. Außerdem ist hier die Produktpalette sehr interessant.“

Auch Dora Ahbe (Jahrgang 1990), die bei der Robert Bosch GmbH das zuvor beschriebene Trainee-Programm im Bereich Forschung und Entwicklung durchläuft, berichtete uns von ihren ersten Erfahrungen, als wir sie danach befragten.

Aus der Praxis: Erfahrungsbericht

Warum hast du dich für das Traineeprogramm bei Bosch entschieden?
Ich wollte nach meinem Studium der Elektro- und Informationstechnik einen breiten Einblick in ein Technologieunternehmen bekommen. Ein Traineeprogramm mit der Möglichkeit, verschiedene Abteilungen und gleichzeitig viele Leute kennenzulernen, war also genau das Richtige für mich. Bosch hat mich dabei mit seiner breiten Produktpalette und internationalen Aufstellung sofort begeistert. Dass ich die Möglichkeit bekommen habe, das Programm in meinem Wunschbereich, den automatisierten Fahrfunktionen, zu absolvieren,

hat mich dabei besonders motiviert. Das Junior Managers Program wird gemeinsam mit einem Mentor aus einer höheren Führungsebene sehr individuell gestaltet, eine Auslandsstation und auch der Wechsel in eine andere Funktion und einen anderen Produktbereich gehören mit dazu.

Welchen Schwerpunktbereich hat dein Traineeprogramm und was sind deine Hauptaufgaben bei Bosch?
Ich bin Trainee mit dem Schwerpunkt Forschung und Entwicklung im Geschäftsbereich Chassis Systems Control, wo Produkte wie elektronische Stabilitätsprogramme, Airbags oder auch Fahrerassistenzsysteme beheimatet sind. Meine erste Station habe ich im spannenden Bereich Systementwicklung für hochautomatisiertes Fahren in Abstatt absolviert. Hier konnte ich in einem deutsch-kalifornischen Team an der Weiterentwicklung der Umfeldwahrnehmung eines hochautomatisierten Fahrzeugs mitarbeiten und alle wesentlichen Subsysteme eines selbstfahrenden Fahrzeugs kennenlernen. In meiner zweiten Station am Standort Leonberg geht es nun um die Weiterentwicklung von Fahrerassistenzsystemen, die bereits am Markt sind, den automatischen Notbremsfunktionen. Hier übernehme ich Aufgaben im Bereich des technischen Projektmanagements für eine Kundenstudie. Unter anderem gehört dazu, die automatische Notbremsung oder auch einen Spurhalteassistenten auf der Teststrecke zu erproben. Zusätzlich dazu organisiere ich gerade gemeinsam mit fünf anderen Trainees ein zweitägiges Trainee-Event zum Thema hochautomatisiertes Fahren.

Was gefällt dir am Trainee-Programm und bei deiner Arbeit bei Bosch am besten?
Am Junior Managers Program gefällt mir vor allem, dass ich meinen Schwerpunkt Forschung und Entwicklung aus den unterschiedlichsten Blickwinkeln kennenlerne, was mir für meine Planstelle später einen breiten Überblick verschafft. Daneben kann ich mich in verschiedensten Seminaren weiterentwickeln, zum Beispiel einem Führungsworkshop oder einem Kommunikationsseminar. Ich lerne nicht nur bei der täglichen Arbeit sehr viele Leute kennen, sondern tausche mich bei Treffen, Stammtischen und Seminaren mit Trainees aus dem ganzen Unternehmen aus. Gerade in der Region Stuttgart ist die Trainee-Community sehr groß und es ist immer etwas los. Es besteht in sehr vielen Bereichen die Möglichkeit, sich zu engagieren, sei es bei der Planung des nächsten Trainee-Events, bei einem sozialen Projekt oder auch durch die Übernahme einer Patenschaft für einen neuen Trainee. An meiner Arbeit bei Bosch motiviert mich neben meiner Begeisterung für die Technik und Innovation vor allem auch die teamorientierte Unternehmenskultur.

ARBEITSHILFE ONLINE

ÜBUNG 3: Wie wollen Sie einsteigen?

Machen Sie sich Gedanken, worauf Sie bei Ihrem Berufseinstieg besonders achten wollen. Berücksichtigen Sie dabei speziell die jeweiligen Chancen und Risiken der von Ihnen gewählten Einstiegsform.

....

....

....

1.3 Einarbeitung und Integration

Der Begriff „Einarbeitung" bedeutet für die meisten Menschen vor allem, sich mit einem neuen Arbeitsgebiet und den damit verbundenen fachlichen Fragestellungen vertraut zu machen. Letztendlich geht es aber um viel mehr. Damit Sie als neuer Mitarbeiter in der Lage und willens sind, Ihre volle Leistungsfähigkeit dem Unternehmen zur Verfügung zu stellen, bedarf es der Integration auf unterschiedlichen Ebenen.

1.3.1 Formen der Integration

Die Integration von neuen Mitarbeitern in Unternehmen umfasst drei Dimensionen, die sich allerdings nicht scharf voneinander abgrenzen lassen, sondern sich überschneiden.

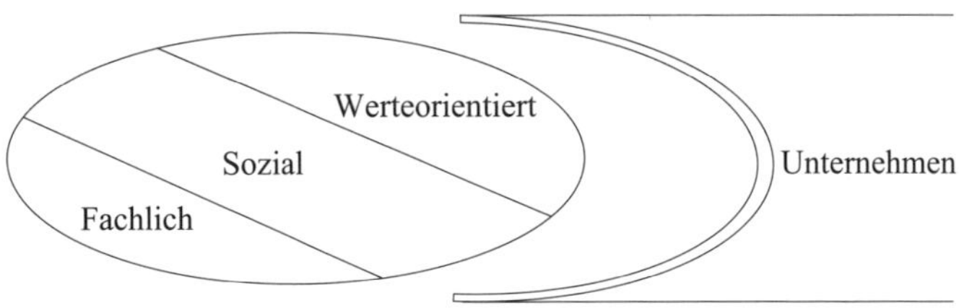

Integration neuer Mitarbeiter

Fachliche Integration

Zunächst geht es um die fachliche Einbindung in das vorgesehene Aufgabengebiet, hierzu die Gedanken eines Fachvorgesetzten, der Hochschulabsolventen in seinen Bereich aufnimmt.

Aus der Praxis: Expertenwissen

„Ich stelle einen Hochschulabsolventen ein, weil ich ihm zutraue, sich schnell in eine neue Materie einarbeiten zu können und die Fachthematik schnell zu begreifen. Ein Teilprojekt, einen Themenbereich soll der neue Mitarbeiter möglichst zügig selbstständig erfolgreich bearbeiten und damit mir, dem Fachvorgesetzten und den Kollegen im Bereich die gewünschte Entlastung und Kapazitätserweiterung bringen.

Nicht erwartet werden kann, dass der Mitarbeiter das notwendige unternehmensspezifische Fachwissen mitbringt. Oft fehlen auch überfachliche Qualifikationen bezüglich Projektmanagement, Rhetorik und Präsentation sowie handwerkliche Kenntnisse über Datenverarbeitungssysteme wie Lotus Notes oder SAP. Dem neuen Mitarbeiter muss die Chance eröffnet werden, seine Defizite schnellstmöglich zu beseitigen.

In diesem Zusammenhang sehe ich meine Rolle als Führungskraft darin, als Türöffner den Weg zu ebnen. Da es für einen neuen Mitarbeiter im Unternehmen nicht ganz einfach ist, die internen Unternehmensangebote, Seminare und Weiterbildungsmaßnahmen zu überblicken, kann die Führungskraft entweder selbst dem Mitarbeiter den Weg weisen und mit ein paar Telefonaten die notwendigen Informationen einholen oder einen anderen Mitarbeiter beauftragen, dem Neuzugang entsprechend unter die Arme zu greifen. Die ‚falschen' Fragen oder auch nur Unkenntnis der im Unternehmen üblichen Vorgehensweisen verzögern nicht nur die schnelle Einarbeitung, sondern führen auch zu Missverständnissen und Demotivation. Kann sich die Führungskraft nicht selbst als Coach ausreichend um den Mitarbeiter kümmern — was zwar wünschenswert wäre, sich aber zeitlich nicht immer realisieren lässt —, ist die Benennung eines Kollegen als Paten unabdingbar.

Das Einarbeitungsprogramm sollte auf die Defizite und die Interessen des Berufsanfängers sowie die Bedürfnisse der Abteilung zugeschnittene Weiterbildungsmaßnahmen umfassen. So werden zum Beispiel häufig spezielle Weiterbildungskurse zu IT-Tools und der IT-Infrastruktur angeboten, mit denen der Mitarbeiter seine eigenen Fähigkeiten rasch an das Anforderungsprofil des Unternehmens anpassen kann. Eine von der Führungskraft und dem Mitarbeiter zu Beginn seiner Zeit im Unternehmen gemeinsam durchzuführende Defizitanalyse trägt dazu bei, sich Klarheit über die notwendigen Maßnahmen zu verschaffen.

ARBEITSHILFE ONLINE

DEFIZITANALYSE für neue Mitarbeiter	Maßnahmen	Zeitplan
Fachlich		
– Kenntnisse der Produktpalette		
– Strategie des Unternehmens		
– DV-Anwendungen		
Überfachlich		
– Projektmanagement		
– Rhetorik		
– Präsentationstechnik		
Netzwerk		
– Wem muss der neue Mitarbeiter vorgestellt werden?		
– Wen muss er für seine Arbeit kennen?		

Es ist sinnvoll, über solche Einarbeitungsprogramme bereits vor Aufnahme der Tätigkeit zu sprechen. Die Einsteiger sollten am besten unmittelbar nach Beginn die eigenen Defizite und Interessen im Vergleich mit den Erfordernissen des Unternehmens offenlegen. Denn selbst eine sehr gute Hochschulausbildung kann die spezifischen Bedürfnisse eines Unternehmens oder gar einer Abteilung nicht unbedingt abdecken.
Wichtig ist, dass die Führungskraft mit dem neuen Mitarbeiter über die vorhandene Erwartungshaltung für die Einarbeitungs- und Probezeit spricht. Dies ist nicht nur im Hinblick auf die Probezeit besonders wichtig, sondern auch Voraussetzung, um das Zusammenwirken von Führungskraft und Mitarbeiter vertrauensvoll und erfolgreich zur Zufriedenheit beider Seiten zu gestalten."

Soweit der Bericht aus der Praxis. Unabhängig davon, ob Sie auf einen Vorgesetzten treffen, der seine Führungsaufgabe ernst nimmt und die Einarbeitung tatkräftig unterstützt, sollten Sie selbst aktiv Ihre fachliche Einarbeitung vorantreiben. Dabei können Gespräche mit Kollegen, der Personalabteilung oder die Suche nach einschlägigen Informationen in Broschüren oder dem Intranet hilfreich sein.

Soziale Integration

Neben der fachlichen Einarbeitung stellt die soziale Integration einen wichtigen Teilbereich dar. Dazu gehört es, dass Sie zu Ihrem beruflichen Umfeld eine Beziehung aufbauen und sich in eine neue Gemeinschaft einfügen. Soziale Integration bedeutet auch, den Umgang mit Vorgesetzten und deren Führungsverhalten zu lernen. In Kapitel 2 zur Berufspraxis wird das Thema soziale Integration intensiver dargestellt, deshalb soll an dieser Stelle ein kurzer Hinweis ausreichen.

Werteorientierte Integration

Indem Sie Mitarbeiter eines Unternehmens werden, hängen Ihr Erfolg und Ihre Zufriedenheit mittelfristig auch davon ab, wie Sie sich mit der Unternehmensphilosophie und den Werten identifizieren können. Ihr Bild wird dabei weniger davon geprägt sein, was in Hochglanzbroschüren als Unternehmensgrundsätze oder Führungsleitlinien in gedruckter Form verbreitet wird, sondern vielmehr davon, was tatsächlich im Unternehmen von den Führungskräften und Mitarbeitern gelebt wird. Freuen Sie sich, wenn sich die Lippenbekenntnisse mit den tatsächlichen Verhältnissen decken. In der Realität werden Sie jedoch sehr häufig auf Abweichungen treffen. Gerade für einen neuen Mitarbeiter, der noch unvoreingenommen und optimistisch – vielleicht gar naiv? – in die Berufswelt einsteigt, kann es zu dem oft erwähnten Praxisschock kommen, wenn Theorie und Wirklichkeit auseinanderklaffen. Zeigen Sie etwas Toleranz, wenn Ihr neuer Arbeitgeber seinen selbst gesteckten Wertmaßstäben nicht ganz gerecht werden kann. Schließlich macht die Gemeinschaft der dort arbeitenden Menschen, die alle ihre persönlichen Stärken und Schwächen einbringen, ein Unternehmen aus. Entscheidend ist, dass die Unternehmensziele für Sie vertretbar und akzeptabel sind und Sie das Bemühen der Vorgesetzten und Kollegen erkennen, sich daran zu orientieren.

1.3.2 Maßnahmen zur Einarbeitung

Wenn Unternehmen Einarbeitungsprogramme für ihre neuen Mitarbeiter anbieten, verfolgen sie meist mehrere Ziele auf einmal. Mit einer Einführungsveranstaltung, die mehrere Tagen dauert und ein Rahmenprogramm umfasst, sollen zum einen die neuen Mitarbeiter über die Unternehmensorganisation und die Tätigkeitsfelder informiert werden. Gleichzeitig dient sie dazu, den Kontakt der Mitarbeiter untereinander zu fördern und vermittelt durch die Art und Weise, wie sie realisiert wird, Eindrücke von den Werten und dem Umgang miteinander.

Wenn Ihr Unternehmen strukturierte Einarbeitungsprogramme für Berufsstarter anbietet, sollten Sie in jedem Fall versuchen, daran teilzunehmen, egal ob es sich um Einführungsveranstaltungen, strukturierte Unterweisungen oder Einarbeitungs- und Durchlaufpläne zu benachbarten Aufgabenbereichen handelt. Die letztgenannte Maßnahme kann sich auf ein paar Stunden oder mehrere Wochen beziehen. Die betreffenden Bereiche müssen nicht unbedingt vor Ort ansässig sein, sodass eine erste beruflich bedingte Abwesenheit vom Heimat- oder Arbeitsstandort notwendig werden kann. Einsätze dieser Art bringen den großen Vorteil mit sich, dass Sie Ihr eigenes Aufgabengebiet aus der Perspektive korrespondierender Abteilungen kennenlernen und damit mehr Verständnis für die Belange Ihrer internen Kunden und Lieferanten gewinnen. Auch Besuche bei externen Geschäftspartnern wie Lieferanten und Kunden können im Rahmen der Einarbeitung sehr hilfreich sein. Im späteren Arbeitsalltag redet es sich am Telefon leichter, wenn bereits ein persönliches Kennenlernen stattgefunden hat.

ARBEITSHILFE ONLINE

ÜBUNG 4: Fachliche Einarbeitung

Erstellen Sie für sich eine Übersicht der notwendigen Maßnahmen im Rahmen der fachlichen Einarbeitung.

1.3.3 Mitarbeiterintegration aus Sicht des Unternehmens

Eine Möglichkeit, neuen Mitarbeitern die Einarbeitung und Integration in ein Unternehmen zu erleichtern, besteht darin, unternehmensspezifische Werte und Prozesse gezielt zu vermitteln sowie Kontakte und Netzwerke zu fördern. Prof. Dr. Gunther Olesch, Geschäftsführer Personal, Informatik und Recht der Phoenix Contact-Gruppe (www.phoenixcontact.com) beschreibt die diesbezüglichen Maßnahmen in seiner Organisation.

Aus der Praxis: Expertenwissen

„Die Integration neuer Mitarbeiter wird durch unterschiedliche Intentionen vorangetrieben. Sie werden in den verschiedenen Unternehmen der Phoenix Contact – oft abhängig von der jeweiligen Art und Größe – spezialisiert behandelt. Die Ziele der gesamten Gruppe lauten wie folgt:

- Neue Mitarbeiter lernen in kurzer Zeit die Unternehmensgruppe kennen.
- Sie werden schnell in ihrer Arbeit handlungsfähig.
- Sie werden in kurzer Zeit in die Unternehmensgruppe integriert.
- Schnittstellen in den Organisationseinheiten werden aufgezeigt.
- Der Aufbau persönlicher Netzwerke wird vom ersten Tag an gefördert.
- Mitarbeiterbindung und -motivation beginnen vor dem ersten Arbeitstag.
- Neue Mitarbeiter lernen wichtige Personen persönlich kennen und können so ein Netzwerk aufbauen und pflegen.

Um Hochschulabsolventen den Einstieg in das Unternehmen zu erleichtern, verfolgt die Personalentwicklung primär zwei zielgruppenorientierte Ansätze:

- Das Start-up-Programm für Mitarbeiter, die überwiegend an deutschen Standorten beschäftigt sind
- Das internationale Start-up-Programm für ausländische Mitarbeiter

Sie beruhen auf folgendem Aspekt der Unternehmensleitlinien – der Corporate Principles: ‚Unsere Unternehmenskultur fördert Vertrauen und die Entwicklung der Mitarbeiter zum Erreichen vereinbarter Ziele'. Konkret bedeutet dies, dass die systematisierte Integration neuer Mitarbeiter über Zielvereinbarungen individuell abgerundet wird.
Das Start-up-Programm wird durch die Bildungseinheit des Stammhauses getriggert. Sie ist die Organisationseinheit, die die notwendigen Maßnahmen organisiert, koordiniert, inhaltlich begleitet und evaluiert. Der zeitliche Rahmen umfasst drei bis vier Monate.
Durch den direkten Vorgesetzten wird das grundsätzliche Ziel – ‚Neue Mitarbeiter werden schnell in ihrer Arbeit handlungsfähig' – unterstützt. Er erstellt einen individuellen Einarbeitungsplan für die ersten Monate, dabei berücksichtigt er spezifische Arbeitsprozesse und IT-Systeme. Darüber hinaus plant der Vorgesetzte die Integration in Projektteams und führt den neuen Mitarbeiter in das unternehmensweite Managementinstrument ‚Führen mit Zielen' ein. Leitlinie dabei ist die Target-Card, in der die messbaren Ziele des Unternehmens aufgeführt und auf jede Abteilung heruntergebrochen werden. Die über die Zielvereinbarung geschaffene Orientierung ist ein wesentlicher Motivationsfaktor während der Einarbeitungszeit. Ein Geschäftsführer präsentiert in dem Start-up-Programm die Visionen, Strategien und Werte des Unternehmens im Detail. Dadurch erhalten die neuen Mitarbeiter einen umfassenden Einblick in die Ausrichtung des Unternehmens.

Die Personalentwicklung ist für die unternehmensbezogene Einarbeitung verantwortlich. Das grundsätzliche Ziel lautet hier: ‚Neue Mitarbeiter lernen in kurzer Zeit die Unternehmensgruppe kennen'. Neben dem Arbeitsplatz selbst gibt es eine Reihe von Zusammenhängen, in die neue Mitarbeiter eingeführt werden müssen. Dazu werden Informationsveranstaltungen, Vorträge, Diskussionen und Führungen angeboten. Darüber hinaus erfolgt ein Dialog mit der Geschäftsführung der Unternehmensgruppe. Einige integrative Rahmenveranstaltungen runden die unternehmensbezogene Einarbeitung ab.
Der Einstiegstag und das integrative Rahmenprogramm finden für alle Mitarbeiter am Stammhaus der Unternehmensgruppe statt. Dabei werden neue Mitarbeiter von der Abteilung Personalentwicklung begrüßt. Des Weiteren finden ein dreistündiger Workshop zur Unternehmenskultur, die Einführung in das IT-Sicherheitsmanagement und eine Betriebsführung statt, zudem wird das Start-up-Programm gestartet.
Das Rahmenprogramm regt das Netzwerken an und fördert die Integration in die Unternehmensgruppe, gleichzeitig werden Informationen über die Unternehmensstruktur, Strategien, Ziele und die Unternehmenskultur weitergegeben. Zum Rahmenprogramm zählen beispielsweise auch Veranstaltungen, die von der Geschäftsführung moderiert werden. Die den neuen Mitarbeitern entgegengebrachte Wertschätzung ist ein elementarer Bestandteil der gelebten Unternehmenskultur und trägt zur Mitarbeiterbindung bei. Genannt seien hier Veranstaltungen wie ‚Historie, Gegenwart und Zukunft der Unternehmensgruppe' und der ‚Dialog mit der Geschäftsführung'. Ergänzt werden diese Veranstaltungen durch Betriebsführungen, Treffen der Programmteilnehmer und individuelle Feedbackgespräche mit allen neuen Mitarbeitern.
Die Informationsveranstaltungen, Dialoge und Vorträge finden aufgrund der unterschiedlichen Fertigungskompetenzen der zur Gruppe zählenden Unternehmen dezentral statt. Ziel ist das Kennenlernen von Schnittstellen und Arbeitsweisen der verschiedenen Unternehmensteile, zum Beispiel Marketing, Vertrieb, Produktspezifische Geschäftseinheiten."

1.4 Die ersten 100 Tage am Arbeitsplatz

Die Tasche ist gepackt, die Kleidung sitzt, beim Friseur waren Sie auch noch einmal und irgendwie schauen Sie an diesem Morgen doch etwas öfter und kritischer in den Spiegel als sonst. Es ist ja auch kein ganz gewöhnlicher Tag, sondern Ihr erster Arbeitstag. In der letzten Nacht haben Sie nicht ganz so ruhig geschlafen wie sonst, viele Gedanken gehen Ihnen durch den Kopf. Irgendwie ist alles anders und das Gefühl, dass es kein Zurück mehr gibt, macht Ihnen ein wenig Sorgen. So oder ganz ähnlich sehen die Erfahrungen von Berufsstartern an ihrem ersten Tag oft aus. Der erste Tag eines neuen Lebensabschnitts ist ein wichtiges Ereignis, das gemischte Gefühle weckt. Es ist der Schritt über eine Schwelle, die Ihren Lebensalltag entscheidend verändern wird.

Im Folgenden werden die einzelnen Phasen näher beleuchtet, die während der ersten 100 Tage im Job gewöhnlich durchlaufen werden. Unsicherheit, Euphorie, erste Konflikte: All das ist vollkommen normal. Entscheidend ist, dass Sie mit einer gewissen Gelassenheit diese unterschiedlichen Erfahrungen auf sich wirken lassen und bereit sind, sich neuen Herausforderungen zu stellen.

1.4.1 Der erste Eindruck

Als Neue oder Neuer stehen Sie besonders im Blickpunkt. Das gilt nicht nur für die Berufswelt, sondern für jede Alltagssituation. Sie betreten das Wartezimmer in einer Arztpraxis, alle Blicke richten sich auf Sie; Sie besuchen zum ersten Mal das Training in einem Sportverein, natürlich werden Sie erst einmal gemustert. Und Hand aufs Herz, auch Sie taxieren jede Person, die sich in Ihrer wie auch immer zusammengesetzten Gruppe neu einfindet. Ganz spontan treffen Sie ein Urteil: sympathisch oder unsympathisch. Nur sehr selten stellt sich am Anfang eine völlig wertfreie, neutrale Haltung ein. Doch anders als in den geschilderten Alltagssituationen hat der erste Eindruck, den Sie hinterlassen, beim Berufsstart eine sehr viel größere Bedeutung. Er kann, ob richtig oder falsch, äußerst weit reichende Konsequenzen haben und Ihnen den Start entweder sehr erleichtern oder deutlich erschweren. Ist bei anderen erst einmal ein Bild entstanden, kostet es sehr viel Zeit und Energie, Korrekturen vorzunehmen und die Menschen um Sie herum zu veranlassen, ihre Wahrnehmung zu korrigieren.

Die Faktoren, die den ersten Eindruck bestimmen, sind zum einen Ihr äußeres Erscheinungsbild sowie die Ihnen eigene Gestik und Mimik. Zum anderen spielen Ihre Einstellung und das daraus resultierende Verhalten eine Rolle.

Äußeres Erscheinungsbild

Wir Menschen sind vorwiegend visuell geprägt, das heißt, dass wir besonders auf das reagieren, was wir sehen können. Daher ist das Erscheinungsbild einer Person für uns ein wichtiger Einflussfaktor, wenn es um den ersten Eindruck geht. Die Kleidung, ob gepflegt, modisch, gut sitzend oder situationsgerecht, spielt dabei sicherlich eine große Rolle. Wer an seinem ersten Arbeitstag mit einem roten Blazer in der Bank erscheint und nur von grauen Nadelstreifen umgeben ist, wird sicherlich nicht den besten ersten Eindruck hinterlassen. Es bedarf einer gewissen Zeit, um sich an die Gepflogenheiten zu gewöhnen. Sehen Sie den Anzug oder das Kostüm einfach zunächst als Dienstkleidung, die Sie zuhause wieder ablegen können.

Das Aussehen selbst hat in unserem gesellschaftlichen Wertesystem ebenfalls große Bedeutung; man braucht nur die Werbung anzuschauen, die uns Jugend und Schönheit mit ihren Produkten verspricht. Gutaussehende Menschen haben es in der Regel etwas leichter, offene Türen zu finden, als diejenigen, die erst auf den zweiten Blick, also wegen ihrer inneren Werte, Akzeptanz und Zuneigung von anderen erhalten. Es kann aber auch ins Gegenteil umschlagen. Ich höre immer wieder, insbesondere von sehr gut aussehenden jungen Frauen, dass sie sich nicht für voll genommen fühlen, da ihr Gegenüber offensichtlich das Klischee „schön, aber dumm“ vermutet. Zum äußeren Erscheinungsbild zählen auch die Frisur, die Körperhaltung und das Make-up, das eher zurückhaltend ausfallen sollte. Insgesamt geht es darum, dass Ihr Erscheinungsbild stimmig, rund und authentisch ist. Wenn Sie morgens in den Spiegel schauen, sollten Sie mit sich selbst zufrieden sein und es einfach in Kauf nehmen, dass Sie als Berufstätiger am Morgen etwas mehr Zeit im Bad benötigen.

Gestik und Mimik

Weit mehr als das gesprochene Wort vermitteln die nonverbalen Ausdrucksmittel wie Gestik und Mimik Ihrer Umwelt, was Sie denken und fühlen. Sie kennen vielleicht Sammy Molcho, den Meister der Pantomime, der es so vorzüglich versteht, ohne Worte sehr viel auszudrücken. Wenn wir vom ersten Eindruck sprechen, spielt dabei auch die Körpersprache eine wichtige Rolle. Ein fester Händedruck, Blickkontakt, ein Lächeln, diese Signale vermitteln Ihrem Gegenüber die Nachricht: „Ich freue mich über unseren Kontakt“. Wenn Sie als neuer Mitarbeiter mit diesen Gesten auf Ihren Chef und die Kollegen zugehen, werden Sie sehr wahrscheinlich positive Reaktionen auslösen. Denn es fällt deutlich schwerer, auf eine freundliche Ansprache und Bitten ablehnend zu reagieren.

So ist es nicht erstaunlich, dass zahlreiche Untersuchungen zum ersten Eindruck ergeben haben, was im menschlichen Miteinander welchen Anteil hat.

- Inhalt: zehn Prozent
- Stimme: 36 Prozent
- Körpersprache: 64 Prozent

Dies bedeutet, dass der nonverbalen Kommunikation ein enormer Stellenwert beigemessen wird und wir insgesamt auf optische und akustische Signale besonders achten. Wenn Sie daran zweifeln, machen Sie doch mal die Probe aufs Exempel: Wählen Sie einen Fernsehsender, dessen Sprache Sie nicht verstehen. Schauen Sie einer Person eine Minute lang zu, wie sie spricht. Haben Sie danach eine Meinung über diese Person? Ist sie arrogant? Kompetent? Sympathisch? Von ihr würden Sie kein Auto kaufen?

Solche Eindrücke und Gefühle bestätigen die Studienergebnisse, schließlich haben Sie kein Wort von dem verstanden, was die Person gesagt hat. Wenn Sie den Ton ganz abstellen, urteilen Sie sogar allein aufgrund der Gestik und Mimik.

Einstellung und Verhalten

Ferner prägen die Einstellung, mit der Sie an die neue Stelle herangehen, und das daraus resultierende Verhalten den ersten Eindruck, den Sie hinterlassen, wesentlich mit. Zeigen Sie Respekt, auch gegenüber Kollegen, die vielleicht einen geringeren Bildungsstand als Sie haben. Denken Sie daran: Deren Vorteil besteht darin, dass sie bereits über Berufserfahrung verfügen und wissen, wie im Unternehmen der Hase läuft.

Seien Sie höflich und sich ständig darüber bewusst, dass Sie zunächst klein anfangen müssen. Lernen, lernen, lernen heißt die Devise und hierzu zählt auch die Bereitschaft, zuzuarbeiten und teilweise Aufgaben zu übernehmen, die aus Ihrer Sicht kein Hochschulstudium voraussetzen. Arrogantes Auftreten ist eine der Todsünden, mit denen Sie es garantiert schaffen, den ersten Eindruck negativ zu prägen und die Kollegen dahingehend zu provozieren, Sie bei jeder möglichen Gelegenheit auflaufen zu lassen.

Auch wenn Ihnen an der Hochschule immer wieder eingeredet wurde, das vermittelte und durch ein Abschlusszeugnis dokumentierte Fachwissen stellt die Grundlage für Ihren beruflichen Erfolg dar, genügt es noch lange nicht, um im Joballtag bestehen zu können. Gestandene Profis in der Wirtschaft belächeln häufig die abgehobenen theoretischen Hochschulkenntnisse, die bisweilen keinerlei Praxisbezug haben. Grau ist alle Theorie, das sagt schon ein Sprichwort.

Wenn Sie Ihre ersten Schritte in der Berufswelt nicht mit der Einstellung unternehmen, schon alles zu wissen, sondern offen sind für Neues, werden Sie deutlich mehr Wohlwollen und Unterstützung erfahren. Bescheidenheit, auch was die Erwartungen anderen gegenüber angeht, tut hier gut. Nicht die bestehende

Gemeinschaft muss sich an Ihnen und Ihren Vorstellungen orientieren, sondern Sie sind gefordert, sich in ein bestehendes System zu integrieren. Erst wenn die anderen Sie akzeptieren, können Sie Ihr Arbeitsumfeld mitgestalten und prägen. Ihr Hochschulabschluss ist die Eintrittskarte, nicht aber der Fahrschein für eine erfolgreiche Karrierefahrt.

1.4.2 Die ersten Schritte im Job

Auch wenn Berufseinsteiger vor dem ersten Arbeitstag den meisten Respekt haben, in der Regel sind erst einmal eher administrative Aufgaben zu erledigen. Das bringt, sofern Sie Ihre Arbeitspapiere alle beisammen haben, keine großen Gefahren mit sich. Wenn es gut läuft, hat Ihr Chef Sie persönlich begrüßt und Sie mit den Kollegen in Ihrem direkten Arbeitsumfeld bekannt gemacht. Ihr Arbeitsplatz ist vorbereitet, vielleicht steht sogar ein Blumenstrauß mit einem kleinen Willkommensgruß auf dem Schreibtisch, und Ihre User-ID liegt bereit, sodass Sie direkt arbeitsfähig sind. Was aber, wenn es ganz anders läuft? Bedeutet das gleich, dass Sie nicht erwünscht sind?

Eine solche Schlussfolgerung wäre vollkommen überzogen. Es gibt unzählige Gründe, warum sich der erste Tag nicht idealtypisch gestaltet. Der Chef musste dringend zu einem wichtigen Kunden, der Mitarbeiter, dessen PC Sie übernehmen sollten, hat seinen neuen Rechner noch nicht geliefert bekommen, und, und, und. Ob tatsächlich ein Zusammentreffen mehrerer widriger Umstände vorliegt oder die Umstände auf unprofessionelles Vorgehen des Unternehmens hinweisen lässt sich am ersten Tag noch nicht beurteilen. Übereilte, spontane Reaktionen sind aber in jedem Fall fehl am Platz. Es gilt, das neue Umfeld bewusst wahrzunehmen und Eindrücke zunächst festzuhalten.

Ich empfehle Ihnen, vom ersten Arbeitstag an ein „Logbuch" zu führen, in das Sie Ihre wesentlichen Eindrücke eintragen. So wie jeder Seefahrtkapitän alle wichtigen Ereignisse notiert, zeichnen auch Sie Ihre ersten Schritte in der Berufswelt auf. Diese Vorgehensweise hat zwei Vorteile: Zum einen nehmen Sie beim Aufschreiben die Eindrücke noch einmal bewusster wahr und können eventuellen Frust und Ärger direkt ablassen. Zum anderen besteht mit dem Logbuch die Möglichkeit, wichtige erste Erfahrungen und Eindrücke später mit einer gewissen zeitlichen Distanz nochmals zu reflektieren und Verbesserungsideen erneut aufzugreifen.

Die Struktur des Logbuchs könnte wie folgt aussehen:

ARBEITSHILFE ONLINE

LOGBUCH

Datum: ....

Das hat mir gut gefallen:

Darüber war ich enttäuscht oder verärgert:

Das habe ich gelernt:

Das ist mir unklar:

Personen, mit denen ich heute zu tun hatte und welchen Eindruck ich mitgenommen habe:

Ideen:

Insbesondere die eigenen Ideen für Veränderungen zu dokumentieren ist sinnvoll. Es empfiehlt sich nicht, bereits in den ersten Tagen die bestehenden Abläufe zu kritisieren, ohne die Hintergründe zu kennen, warum Dinge auf bestimmte Art und Weise gemacht werden. Notieren Sie sich stattdessen die aus Ihrer Sicht kritischen Punkte. So stellen Sie sicher, dass diese Eindrücke erhalten bleiben, selbst wenn Sie nach einigen Wochen oder Monaten bereits selbst betriebsblind sind. Nutzen Sie so Ihre Wahrnehmungen und brach liegende Verbesserungspotenziale. Befassen Sie sich nach sechs bis acht Wochen nochmals mit Ihren Einschätzungen aus den Anfängen. Ist Ihnen zwischenzeitlich klar geworden, warum das Vorgehen vor dem Hintergrund der Gesamtprozesse so ablaufen muss? Sollte auch zu diesem Zeitpunkt und mit dem zwischenzeitlich erworbenen Wissen eine Veränderung aus Ihrer Sicht sinnvoll sein, ist dann der richtige Zeitpunkt gekommen, um aktiv zu werden.

ARBEITSHILFE ONLINE

ÜBUNG 5: Ihr Logbuch

Kaufen Sie sich ein gebundenes Notizbuch, das Ihnen optisch gut gefällt und das Ihr persönlicher Begleiter wird. Halten Sie täglich Ihre Eindrücke fest und schließen Sie damit wie mit einem Ritual den Tag ab. Nachdem Sie alles, was Ihnen wichtig erscheint, notiert haben, können Sie beruhigt das Buch zuklappen und sich auch gedanklich von der Arbeit verabschieden. Bewahren Sie Ihr Logbuch sorgfältig auf, es ist nur für Ihre Augen bestimmt. Nur so können Sie ganz offen Ihre Eindrücke und Gefühle festhalten.

Die ersten Tage im Beruf sind im Wesentlichen als Orientierungsphase zu verstehen. Es geht vor allem um folgende Herausforderungen:

- Alle notwendigen administrativen Arbeiten im Rahmen des Arbeitsbeginns erledigen
- Sich mit der neuen Umgebung, also beispielsweise dem Büro, den Konferenzräumen oder der Kantine, vertraut machen und sich im Gebäude orientieren
- Die direkten Kollegen kennenlernen und sich deren Namen merken
- Die wesentlichen Unternehmensziele und Grundsätze kennenlernen
- Einen ersten Eindruck über die Organisation und die Aufgaben erhalten
- Mit dem Vorgesetzten den Ablauf der Einarbeitung abstimmen
- Die gegenseitigen Erwartungen mit dem Vorgesetzten diskutieren
- Erste Fachgespräche mit Kollegen führen

Lernen, Lernen, Lernen

Wenn Sie glauben, mit dem Studienabschluss vom ständigen Druck zu lernen und dem Zwang, sich mit neuen Sachverhalten vertraut zu machen, befreit zu sein, muss ich Sie leider enttäuschen. Der Eintritt in die Berufswelt fordert die Bereitschaft, sich kontinuierlich mit neuen Themenstellungen und Rahmenbedingungen auseinanderzusetzen und das Lernen als ständigen Begleiter durch das Berufsleben zu akzeptieren. „Lernen ist wie Schwimmen gegen den Strom; wer damit aufhört, treibt zurück", so lautet eine chinesische Weisheit, die gerade in unserer Zeit des immer schnelleren Wandels hochaktuell ist.

Lernen bedeutet in der beruflichen Anfangsphase nicht in erster Linie, sich neue wissenschaftliche Erkenntnisse zu erarbeiten. Es geht vielmehr um die Fähigkeit, Erkenntnisse auf eine konkrete Praxissituation anzuwenden und sich in einer neuen Umgebung mit anderen Wertmaßstäben zurechtzufinden. Um hier bestehen zu können, müssen Sie sich zunächst mit dem Wertesystem vertraut machen und die Spielregeln lernen. Dies erfordert zum einen die Bereitschaft, die bisherige Erfahrungswelt in den Hintergrund zu stellen und sich auf ein neues Abenteuer einzulassen. Zum anderen sollte Ihnen klar sein, dass Sie mit den ersten Schritten im Beruf auch öfter in Fettnäpfchen treten werden. Dies ist nicht ungewöhnlich, es kommt aber darauf an, wie Sie damit umgehen und aus Fehlern zu lernen. In der Anfangsphase wird Ihnen, gerade als Berufsstarter, vieles verziehen — vorausgesetzt, Sie haben es verstanden, Ihre neue Umwelt für sich zu gewinnen und Sie lassen das ehrliche Bemühen erkennen, es beim nächsten Mal besser zu machen. Gehen Sie davon aus, dass die anderen Ihnen gerne helfen und Sie bei Ihren Lernschritten unterstützen wollen. Es liegt zum großen Teil an Ihnen, ob diese Bereitschaft anhält oder in Ablehnung umschlägt.

Wie vollzieht sich der Lernprozess in der Anfangsphase?

Zunächst wird eine Flut von Informationen auf Sie einströmen: Namen von Kollegen, Abteilungskürzel, Produktbezeichnungen, Bestellnummern, um nur einige Beispiele zu nennen. Ihre Kollegen werden Ihnen Sachverhalte und Prozeduren schildern, Sie werden nur „Bahnhof" verstehen. Manches wird bei Ihnen zum einen Ohr hinein- und zum anderen Ohr wieder herausgehen, weil Sie nichts damit anfangen können oder weil Sie ganz einfach an die Grenze Ihrer Aufnahmekapazität gestoßen sind. Je schneller es Ihnen gelingt, Zusammenhänge zu erkennen und Details richtig einzuordnen, umso zügiger werden Ihre Einarbeitung und Integration voranschreiten. Dieser Prozess ist dann vollzogen, wenn Sie die wichtigsten Informationen aufgenommen, reflektiert und verarbeitet haben und sie in Ihrem

Handeln umsetzen. Das dauert seine Zeit, wie es das folgende Zitat von Konrad Lorenz, einem der großen deutschen Verhaltensforscher, nahe legt.

Gesagt ist nicht gehört,

gehört ist nicht verstanden,

verstanden ist nicht einverstanden,

einverstanden ist nicht behalten,

behalten ist nicht angewandt,

angewandt ist nicht beibehalten.

Einarbeitung beruht so gesehen auf einer dauerhaften Verhaltensänderung, die durch praktische Anwendung gefestigt und perfektioniert wird. Hier zeigt sich ein ganz wesentlicher Unterschied zu dem Lernen, wie Sie es von der Schule her kennen. Das Reproduzieren von Faktenwissen alleine reicht nicht aus, um erfolgreiches Verhalten in der beruflichen Praxis an den Tag zu legen. Es bedarf der ständigen Anwendung, der eigenen Reflexion und des Feedbacks durch Dritte, damit eine dauerhafte Verhaltensänderung eintritt.

Diese Aussagen mögen den einen oder anderen vielleicht beängstigen. Möglicherweise sehen Sie die Gefahr, dass Sie Ihre Persönlichkeit und Ihre bisherigen Wertvorstellungen an der Eingangstür zum Unternehmen abgeben müssen, um konform und meinungslos Ihre Arbeit abzuleisten. Doch das ist mit dem dargestellten Anpassungsprozess nicht gemeint, ganz im Gegenteil: Kreativität und Individualität werden immer wichtiger in der Berufswelt. Sie können sie aber erst erfolgreich einbringen, wenn Sie mit den Rahmenbedingungen vertraut sind und verstanden haben, wie sich Ihr Verhalten in dem System auswirkt. Es geht also zunächst darum zu erkennen, wie die Zahnrädchen im Unternehmen ineinandergreifen, um dann gezielt an einem Punkt drehen zu können.

1.4.3 Die ersten Wochen

Die ersten Wochen stellen vorrangig eine Integrations- und Lernphase dar. Nachdem Sie sich in den ersten Tagen Ihr engeres Arbeitsumfeld genau angesehen haben, gehen Sie nun dazu über, Nachbarbereiche und die darin agierenden Personen kennenzulernen. Verschaffen Sie sich einen groben Überblick, welche

Aufgabenstellungen die Menschen dort bearbeiten und in welchem Bezug sie zu Ihrem Arbeitsgebiet stehen.

Sie werden nun auch die ersten kleineren Aufgaben selbst bearbeiten oder Kollegen bei ihrer Arbeit unterstützen. Wichtig ist in dieser Phase, das Gelernte und die Abläufe konsequent zu dokumentieren. Diese Aufzeichnungen werden Ihnen helfen, den Überblick zu behalten. Sie werden sich nach und nach ein Nachschlagewerk anlegen, das Ihnen als Spickzettel dient. Während Sie in Ihrem Logbuch hauptsächlich Ihre persönlichen Eindrücke eintragen, hilft die Dokumentation dabei, Fakten, Abläufe und Prozesse zu durchdringen und zu begreifen. Es ist nicht nötig, umfangreiche Daten wie die gesamte Firmenpräsentation ständig bereitzuhalten. Entscheidend ist vielmehr, die wichtigsten Inhalte herauszuziehen und sich zusätzlich zu notieren, wo Sie die kompletten Daten im Bedarfsfall abrufen können.

Ein solches Manual kann je nach Vorliebe in Form eines Ordners oder als Datei auf dem PC oder Tablet erstellt werden. Legen Sie von Beginn an eine klare Struktur fest, die Sie dann je nach Bedarf erweitern können. Die folgende Grobstruktur hat sich in der Praxis bewährt, nutzen Sie sie als Anregung.

- Inhaltsübersicht
- Unternehmensinformationen allgemein, zum Beispiel Firmenpräsentation, Leitsätze, Organigramme
- Bereichsinformationen, zum Beispiel Ziele, Eingliederung in die Gesamtstruktur
- Informationen des konkreten Arbeitsplatzes, zum Beispiel Stellenbeschreibung, Arbeitsgebiete
- Abläufe, in die ich eingebunden bin, zum Beispiel Prozessketten, Prozeduren, Verfahren
- Projekte, an denen ich arbeite, zum Beispiel Projektziel, Projektstruktur, Teilprojekt, Arbeitspakete
- Kontakte, zum Beispiel Kunden, Kollegen, Lieferanten
- Schulungen, zum Beispiel Einführungsseminare, Workshops, IT-Schulungen
- Einarbeitungsplan

ARBEITSHILFE ONLINE

ÜBUNG 6: Ihr Einarbeitungs-Manual

Erstellen Sie für sich ein Einarbeitungs-Manual mit den für Sie relevanten Kategorien, in dem Sie alle Informationen erfassen und sinnvoll ablegen können.

Wenn für Sie ein Einarbeitungsplan erstellt wurde oder Sie einen solchen zusammen mit Ihrem Chef erarbeitet haben, sollten Sie ihn auch entsprechend umsetzen. Vermeiden Sie es, in der Anfangsphase zu schnell Ihr zukünftiges Aufgabengebiet produktiv zu vereinnahmen und deshalb die grundlegende Einarbeitung zu vernachlässigen. Die Erfahrung zeigt, dass es ausgesprochen schwierig ist, sich einen generellen Überblick anzueignen, wenn Sie bereits voll in der Tagesroutine stecken und Ihr eigenes Aufgabengebiet zu bewältigen haben.

Gehen Sie mit offenen Augen und Ohren durch das Unternehmen. Nehmen Sie nicht nur offizielle Aussagen wahr, sondern auch die persönlichen Meinungen von Kollegen. Die Abteilungssekretärin, falls in Ihrem Bereich vorhanden, kann eine sehr gute Ansprechpartnerin sein, um sich über Eindrücke und Strömungen auszutauschen. Sie hat in der Regel sehr gute Kontakte zu anderen Bereichen und, was fast noch wichtiger ist, zum Chef. Wenn Sie anfangen, Kontakte zu knüpfen, seien Sie sehr vorsichtig, falls man versucht, Sie in Verschwörungen und interne Auseinandersetzungen hineinzuziehen. Es ist dringend ratsam, sich hier zurückzuhalten und erst einmal eine Situation aus verschiedenen Blickwinkeln zu betrachten.

Bitten Sie Ihren Chef um regelmäßige Feedbackgespräche. Dabei sollte es weniger darum gehen, Faktenwissen zu vermitteln, sondern darum, das Gelernte und Ihre persönlichen Eindrücke zu reflektieren. Wenn Sie Ihrem Chef zeigen, dass Sie aktiv Ihre Einarbeitung vorantreiben, und ihn um Hilfe beim Einordnen Ihrer Erfahrungen bitten, wird er in der Regel dieses Ansinnen unterstützen. Sie werden außerdem wesentlich leichter einen Gesprächstermin erhalten, wenn Sie auch nach dem offiziellen Dienstschluss noch interessiert sind. Erfahrungsgemäß gestalten sich die Gespräche deutlich ergiebiger und intensiver, wenn nicht direkt der nächste Termin ansteht.

CHECKLISTE nach Ablauf der ersten Wochen

- Ihr weiteres Arbeitsumfeld kennen
- Eine erste Routine als „Erwerbstätiger“ im Lebensalltag gefunden haben
- Das Einarbeitungsprogramm gemäß Zeitplan durchlaufen
- Mit Ihrem Vorgesetzten und/oder dem definierten Ansprechpartner regelmäßige Gespräche führen
- Sich mit dem Arbeitsgebiet vertraut gemacht haben und erste Aufgaben selbstständig erledigen können
- Erstes fachspezifisches Wissen für die Arbeitsaufgabe angeeignet haben
- Das eigene Arbeitsgebiet als Teil der Bereichszielsetzung einordnen können
- Sich als neues Mitglied in das Arbeitsumfeld der Kollegen integrieren
- Mit Kollegen erste Kontakte knüpfen, die über das eigentliche Arbeitsgebiet hinausgehen
- Eigene und fremde Erwartungen regelmäßig mit dem aktuellen Stand abgleichen
- Ein Einarbeitungshandbuch angelegt haben, das Ihnen als Nachschlagewerk dient

Lesen Sie nun, wie Monique Conze Ihre ersten Wochen des Berufsstarts im Ausland bei British Airways in London erlebt hat.

Aus der Praxis: Erfahrungsbericht

„Nach Studienabschluss Mitte Juli ging es an die Überlegungen, was ich alles nach London für meinen Berufsstart Ende September mitnehmen wollte. Ich musste eine Wohnung finden und mich in einem Land mit doch etwas anderer Kultur zurechtfinden. Mein erster Arbeitstag bei British Airways war unheimlich spannend. Es gab natürlich viele Namen und Gesichter, die ich mir merken musste, aber im Lauf des Tages begegnete ich dem einen oder anderen immer wieder. Auch das Gebäude erschien mir unheimlich groß, aber die Angst, sich dort zu verlieren, wurde von Tag zu Tag kleiner. Natürlich musste ich einige Male nach dem Weg fragen.

Ich war sehr aufgeregt und nervös, aber da mehrere Leute mit mir am selben Tag angefangen hatten, wurde eine dreiwöchige Einführungsphase für uns organisiert. Hier wurden alle Direktoren und die obere Geschäftsleitung vorgestellt sowie das Organigramm mit den verschiedenen Abteilungen von British Airways erklärt. Im Rahmen der Einführung wurden für die Gruppe einige Spiele organisiert, die irgendwie immer mit der Fluglinie zu tun hatten. So konnten wir Berufseinsteiger uns besser kennenlernen, gleichzeitig wurden uns die wichtigsten Fakten zur Flugindustrie vermittelt.

Das Motto bei British Airways heißt „Networking". Damit ist gemeint, dass man so viele Leute wie möglich kennenlernen soll, denn nur so kommt man an die richtigen Informationen und an Hilfe, wenn man sie braucht. Eventuell kann das Netzwerk auch bei der internen Jobsuche oder bei einer Beförderung nützlich sein. Deshalb ist es wichtig, von Anfang an Kontakt mit allen anderen Berufseinsteigern zu halten und auch mit den Leuten, die man während der Einführung in den verschiedenen Abteilungen kennengelernt hat.

Nach den ersten drei Wochen wurde ich einer Abteilung zugeteilt, um dort in einem Projekt British Airways mehr von der operativen Seite kennenzulernen. Gleichzeitig fanden Kurse zu Projektmanagement, Präsentationstechniken und Computerwissen statt. Das alles sollte dazu beitragen, den Einstieg in eine so große Firma zu erleichtern. Sogar Erklärungen zu den internen Kommunikationswegen wie E-Mail, Intranet und Telefon gab es, außerdem zu so simplen Dingen, wie man den Anrufbeantworter bespricht oder sein Mittagessen kaufen kann.

Mein erster ‚richtiger' Job begann im März bei British Airways World Cargo, also in einer Abteilung, die ich bisher noch nicht kennengelernt hatte. Nicht nur der Arbeitsbereich, sondern auch die Leute und das Gebäude waren völlig neu für mich. Wieder einmal gab es einen spannenden ersten Tag. Nachdem meine Chefin mit mir kurz über meine neue Rolle und meine Verantwortung gesprochen hatte, wurden mir meine Büroecke gezeigt und die anderen Mitglieder der Abteilung vorgestellt. Meine Chefin hatte im Vorfeld für mich ein paar Tage Einführungszeit eingeplant, an denen ich verschiedene Bereiche des Cargo-Geschäfts durchlief, besonders die operative Seite, um überhaupt erst einmal unser Produkt (Service) kennenzulernen. Ab dann war ich selbst gefordert, denn mir wurde nur mitgeteilt, welche Abteilungen als Nächstes dran und wer dort meine Kontaktpersonen waren. Insgesamt dauerte der Schnelldurchlauf durch das Cargo-Geschäft zwei Wochen, diese Zeit war die wichtigste für mich bei British Airways. Danach hatte ich verstanden, wie der Betrieb insgesamt funktioniert – eine der wichtigsten Voraussetzungen, um zu erkennen, welche Rolle man selbst einnimmt. Gleichzeitig habe ich eine Menge wertvoller Kontakte aufgebaut, die für mich in den letzten Monaten sehr hilfreich waren. Probleme in der Art, wie man den Computer oder die E-Mail-Systeme nutzt, mit wem man zum Mittagessen geht oder welche Person bei bestimmten Fragen der richtige Ansprechpartner ist, lösen sich wie von allein, wenn man sich zu Anfang die Zeit nimmt, alle Abteilungen und so viele Leute wie möglich kennenzulernen und alles Wissen aufzunehmen. Und das ist auch, was ich mitnehme: Es ist wichtig, viele Fragen zu stellen und sich Namen, Nummern und andere wichtige Dinge aufzuschreiben. Die erste Zeit war unheimlich anstrengend, aber gleichzeitig sehr interessant und aufregend. Dieser wichtige Schritt, sich den Berufseinstieg auch selbst so einfach wie möglich zu machen, kann für die Zukunft im weiteren Berufsleben eine nützliche Erfahrung sein."

1.4.4 Einstand

Der Einstand ist ein im Berufsleben übliches Ritual, das auch als Zeichen für die Aufnahme in eine neue Gemeinschaft gilt. So wie die Seemannstaufe, mit der ein Matrose zum akzeptierten Mitglied der Schiffsmannschaft wird, steht auch der Einstand als Symbol. Er bietet ferner die Möglichkeit, ungezwungen mit den Menschen aus dem engeren Arbeitsumfeld in Kontakt zu kommen und informellere Informationen zu gewinnen. In welcher Form und zu welchem Zeitpunkt der Einstand angebracht ist, hängt sehr stark von den jeweiligen Gepflogenheiten und Rahmenbedingungen ab. Meist findet er um das Ende des ersten und den Anfang des zweiten Monats statt. Wenn Ihre Kollegen Sie schon früher auf das Thema Einstand ansprechen – häufig geschieht das in eher flapsiger, ironischer Form –, greifen Sie es ruhig auf. Fordern die Kollegen dieses Ritual ein, ist das in der Regel ein Zeichen dafür, dass sie Sie in ihre Gemeinschaft aufgenommen haben.

Die Erwartungshaltungen unterscheiden sich, manchmal erwarten die Kollegen, dass sie abends in ein Lokal eingeladen werden, andernorts ist es üblich und ausreichend, in der Kaffeepause den Kuchen beizusteuern. Am besten informieren Sie sich nach dem Usus und orientieren sich daran. Das bedeutet nicht, dass Sie nicht kreativ sein können, was die Gestaltung des Einstands betrifft. Warum nicht einmal zu einer Schlauchboot-Partie mit anschließender Brotzeit einladen? In einem jungen Team könnte das durchaus gut ankommen. Besprechen Sie solche Aktionen aber mit einigen Kollegen Ihres Vertrauens, bevor Sie offiziell die Einladung aussprechen.

HINWEIS

Zum Thema Alkohol beim Einstand sei an dieser Stelle angemerkt, dass es problematisch sein kann, in den Firmenräumen den Korken knallen zu lassen. Auch hier ist es wichtig, den Rat des Chefs oder der Kollegen einzuholen, um nicht unnötig in Schwierigkeiten zu geraten.

Der Termin für den Einstand sollte so gewählt werden, dass er für die Beteiligten einigermaßen günstig liegt. Wer am Mittwochabend vor einem Feiertag einlädt, muss damit rechnen, dass Kollegen das verlängerte Wochenende für eine Reise nutzen wollen und deshalb keine Zeit haben. Ebenso sind Zeiten vor wichtigen Deadlines im Projektgeschäft nicht geeignet, weil das Interesse der Kollegen dann eher auf die Arbeit gerichtet ist.

1.4.5 Stabilitäts- und Akzeptanzphase

So langsam sollten Sie das Gefühl haben, dass sich in all den zunächst verwirrenden Informationen, mit denen Sie seit Ihrem Berufsstart konfrontiert wurden, eine gewisse Struktur erkennen lässt; auch Ihre Aufgaben sollten Sie nun realistisch beurteilen können. Das anfängliche Herzklopfen, das Sie spürten, wann immer ein neues Papier auf Ihrem Schreibtisch landete und Sie dachten: „Was soll ich damit schon wieder anfangen? Welche Gefahr verbirgt sich dahinter?“, sollte ebenfalls abflauen.

Routine stellt sich als Erstes in kleineren Aufgabenteilen ein; und zwar als angenehmes Gefühl, eine Aufgabe auch ohne enormen Energieeinsatz bewältigen zu können. Waren Sie vielleicht vor Arbeitsbeginn eher in Sorge, die Arbeit könnte schnell in Routine und damit in Langeweile ausarten, hat dieser Begriff jetzt eine positive Dimension. Sie verspüren die Gewissheit, etwas gelernt zu haben und nicht mehr nur der Neue zu sein, dem man alles vorkauen muss. Diese sich langsam entwickelnde Souveränität sorgt für mehr Ausgleich. Nach Wochen der intensiven Auseinandersetzung mit neuen Themen und Sachverhalten ist es nun möglich, wieder tief durchzuatmen und sich zumindest kurzzeitig zu entspannen. So verringert sich endlich auch wieder die Anstrengung, die mit einer ständigen Anspannung verbunden ist.

Erinnern Sie sich noch an die Zeit, als Sie gelernt haben, Auto zu fahren? Damals mussten Sie über jeden einzelnen Handgriff nachdenken: Kupplung treten, Gang wechseln, Kupplung loslassen, Blick in den Rückspiegel, Blinker einschalten, Geschwindigkeit reduzieren, Lenkrad zum Abbiegen drehen … Eine solche Fahrt war anstrengend, manchem stand vielleicht sogar der Schweiß auf der Stirn. Heute werden Sie das Autofahren ganz anders wahrnehmen. Sie müssen über die einzelnen, unzähligen Handgriffe nicht mehr nachdenken und empfinden sogar Entspannung, wenn Sie eine Spritztour machen. Ähnliches gilt für den Berufseinstieg. Natürlich stehen Sie noch ziemlich weit am Anfang Ihrer Berufstätigkeit und es gibt noch sehr viel zu lernen. Dennoch können Sie bereits auf die Einstiegsphase zurückblicken und erste Erfahrungen vorweisen.

Mussten Sie zu Beginn noch regelmäßig an die Hand genommen werden, um sich in der Berufswelt zurechtzufinden, können Sie sich nun in einem bestimmten Rahmen frei und selbstständig bewegen. Das ständige Fragen wird langsam ein Diskutieren und folglich ein Meinungsaustausch, in den Sie eigene Erfahrungen einbringen können. Ihr theoretisches Wissen aus der Hochschulzeit wird nur selten ausgereicht haben, um Lösungsansätze für die Praxis entwickeln zu können. Jetzt können Sie Ihre ersten eigenen Erfahrungen aus dem neuen Umfeld Berufswelt mit ihren Kenntnissen verknüpfen. Hätten Verbesserungsvorschläge in den ersten Tagen bei den Kollegen noch mitleidiges Gelächter oder, noch schlimmer, Verärgerung ob der Naivität und Anmaßung verursacht, werden Ihre Anregungen nun ernst genommen und nicht mehr leichtfertig vom Tisch gefegt.

TIPP

Dennoch gilt auch in dieser Phase der Grundsatz: erst zuhören, dann reden. Wer jetzt überheblich sein neu erworbenes Wissen großspurig jedem aufs Auge drückt und meint, nach ein paar Monaten alles zu wissen, wird auf wenig Gegenliebe stoßen. Machen Sie durch Ihre sachlichen Argumente, analytischen Fähigkeiten und erste Erfolge auf sich aufmerksam, nicht durch lautstarke Patentrezepte und eine besserwisserische Grundhaltung.

Dem einen oder anderen mag es schwerfallen, sich nun langsam aus der Rolle des „Azubis" zu lösen und eigene Wege und Gedankengänge zu verfolgen. Es ist viel Fingerspitzengefühl nötig, um sich von seinen Tutoren und erfahrenen Kollegen abzunabeln, ohne ihnen dabei auf die Füße zu treten und Porzellan zu zerschlagen. Drücken Sie Ihre Dankbarkeit für die geleistete Unterstützung aus und verlängern Sie die Abstände, in denen Sie mit Fragen auf Ihre Kollegen zugehen. Gehen Sie dabei aber nicht zu schnell vor, denn Sie werden auch später immer wieder auf Unterstützung angewiesen sein. So wie sich das Verhältnis der Kinder zu ihren Eltern mit dem Erwachsenwerden verändert, sollten Sie sich im Beruf vom Schützling zum Partner entwickeln.

Die neue Freiheit ist mit Pflichten und Verantwortung verbunden. Es heißt, Privilegien abzugeben und den geschützten Raum, in dem Fehler toleriert wurden, zu verlassen. Sie müssen sich auf neue Regeln einlassen, die ein gegenseitiges Geben und Nehmen mit sich bringen, eine in der arbeitsteiligen Welt unerlässliche Voraussetzung für erfolgreiches Arbeiten. Die Fähigkeit zur Teamarbeit, zur partnerschaftlichen Zusammenarbeit im Hinblick auf ein gemeinsames Ziel, gewinnt immer mehr Bedeutung.

Nach den ersten drei Monaten ist häufig der Punkt erreicht, an dem sowohl im Unternehmen als auch bei Ihnen die Frage aufkommt, ob die Integration gelungen ist oder zumindest alle Zeichen dafür sprechen, dass dies in absehbarer Zeit der Fall sein wird. Diese erste Zwischenbilanz ist ein wichtiger Meilenstein. Überprüfen Sie, ob Sie mit Ihrem Gefühl, wie man Sie aus Sicht des Unternehmens einschätzt, richtig liegen. Achten Sie hierbei auf feine Untertöne. Viele Vorgesetzte tun sich ausgesprochen schwer damit, offen Kritik zu äußern, selbst wenn sie aufgrund konkreter Vorgänge berechtigt wäre. Häufig wird um das eigentliche Problem herumgeredet, insbesondere dann, wenn es nicht um Kritik an Ihrer Arbeit, sondern an Ihrer Person geht. Ermutigen Sie Ihr Gegenüber, Ihnen ein offenes Feedback zu geben. Nur so können Sie Ihre Situation realistisch einschätzen und erkennen, welche Defizite vorhanden sind, um sie abzubauen.

Was in den ersten 100 Tagen passiert, lässt sich nicht als kontinuierlich aufsteigende Erfolgslinie darstellen, sondern als Wellenlinie mit Höhen und Tiefen, wie in Kapitel 1.7 noch ausführlicher aufgezeigt wird. Entscheidend ist, dass ein Aufwärtstrend zu erkennen ist und die neuen Erfahrungen einen Lernprozess ergeben, der den anfänglichen Erwartungen auf beiden Seiten zumindest annähernd entspricht.

1.4.6 Zielvereinbarungen

Falls dies im Rahmen der Einarbeitung noch nicht geschehen ist, sollten Sie spätestens am Ende der ersten 100 Tage mit Ihrer Führungskraft über die Vereinbarung von Zielen sprechen. Diese sollten sich dann nicht mehr auf die Einarbeitung selbst beziehen, sondern auf einen produktiven Beitrag zur Arbeit der Abteilung. Indem Sie diesen Wunsch äußern, signalisieren Sie Ihrem Vorgesetzten, dass Sie Verantwortung übernehmen und damit einen Teil zum Bereichserfolg beisteuern wollen. Damit erhält er ein deutliches Zeichen und eine Bestätigung seiner Entscheidung, Sie einzustellen, nach dem Motto: „Ich habe die richtige Wahl getroffen, der neue Mitarbeiter ist bereit und in der Lage, als produktives Mitglied in der Gemeinschaft seinen Beitrag zu leisten“.

Bei der ersten Zielformulierung sollten Sie sich eher in Zurückhaltung und Bescheidenheit üben. Wer zu hohe Erwartungen weckt, läuft schnell Gefahr, dem eigenen Anspruch nicht gerecht werden zu können. Lieber ein kleineres Projekt erfolgreich realisieren, einen B-Kunden betreuen und damit einen ersten Erfolg verbuchen, als sich die Zähne an einer Mammutaufgabe auszubeißen und wahrscheinlich Schiffbruch zu erleiden. Große Herausforderungen werden sich später noch ganz von selbst ergeben.

ARBEITSHILFE ONLINE

ÜBUNG 7: Ihre Ziele

Überlegen Sie sich konkrete Ziele, die Sie erreichen wollen. Versuchen Sie, diese so klar wie möglich zu beschreiben, am besten nach der SMART-Formel.

- S = spezifisch (eindeutig, nicht vage)
- M = messbar (am besten in Zahlen)
- A = aktionsorientiert (motivierend, Lust machend)
- R = realistisch (unter den Rahmenbedingungen auch möglich)
- T = terminiert (fester Zeitrahmen, fester Endtermin)

CHECKLISTE nach Ablauf der ersten 100 Tage

- Sie haben Ihren Lebensrhythmus auf die neuen Rahmenbedingungen eingestellt.
- Sie besitzen eine gewisse Gelassenheit und erkennen Zusammenhänge und Risiken.
- Sie können Aufgaben aus Ihrem Arbeitsgebiet richtig einordnen und zumindest teilweise selbstständig bearbeiten.
- Sie spüren den Drang, nun selbst produktiv zum Bereichsergebnis beitragen zu wollen.
- Sie schwimmen sich langsam frei aus der Rolle des „Azubis“.
- Sie haben konkrete Zielvereinbarungen geschlossen.
- Sie werden von Ihrer Arbeitsumgebung als Mitglied akzeptiert.
- Sie entwickeln eine gefestigte Arbeitsbeziehung mit Ihrer neuen beruflichen Umwelt.
- Sie führen auch informelle Gespräche und gewinnen das Vertrauen Ihres Vorgesetzten und der Kollegen.
- Sie werden mit erster Kritik und Misserfolgen fertig.
- Sie fangen an, Prioritäten zu erkennen und diese selbst zu setzen.
- Sie weiten Ihr Netzwerk auch auf Personen außerhalb Ihres unmittelbaren Arbeitsumfelds aus.

Die folgende Abbildung verdeutlicht, was während der ersten 100 Tage im Job passiert.

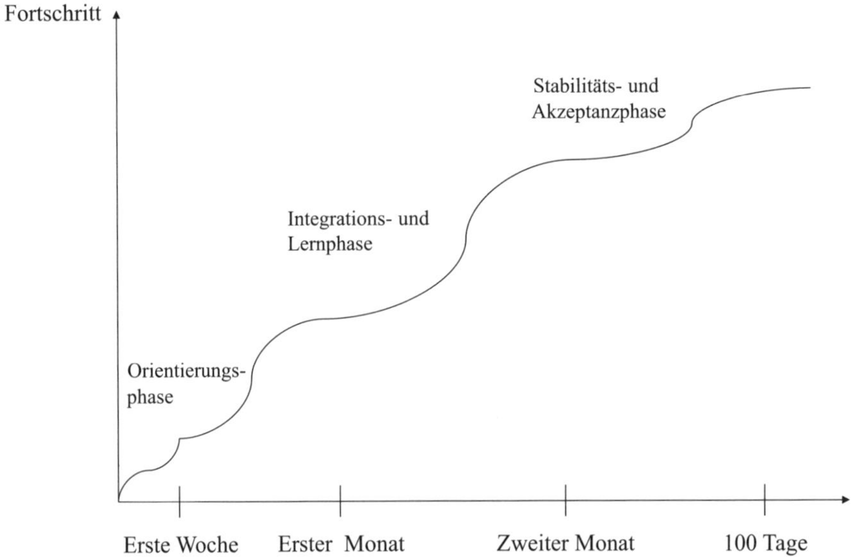

Die ersten 100 Tage im Job

Heiko Christian, Diplomingenieur, viele Jahre Prokurist und Leiter für Führungsnachwuchskräfte und Traineeprogramme in einem großen Industrieunternehmen, gibt Ihnen seine Erfahrung zu den ersten 100 Tagen eines Berufseinsteigers wieder.

Aus der Praxis: Expertenwissen

„Nun sitzt der bestens ausgebildete neue Mitarbeiter an seinem Schreibtisch und versucht, die ersten Schritte im Berufsleben erfolgreich zu meistern. Es heißt Abschied zu nehmen von dem lockeren, selbstbestimmten Leben während des Studiums oder auch den Fürsorgevorgaben einer anspruchsvollen Berufsausbildung. Nun herrschen vertragsrechtliche Bedingungen zwischen zwei ‚ausgewachsenen' Partnern: Ich will dein Geld und du bekommst meine Leistung. Und dies unter den verbindlichen Parametern eines rechtlich gültigen Arbeitsvertrags. Viele junge Menschen machen sich diesen Sachverhalt nur ungenügend bewusst.

Der Berufsanfänger absolviert also mit dem Berufsbeginn den ersten Schritt in ein neues Leben. Die Arbeit im Unternehmen umfasst wochentäglich etwa die Hälfte der wachen Zeit und damit also einen bedeutenden Abschnitt des Tages. Dem muss sich jeder stellen, der Erfolg und Befriedigung im Berufsleben finden will. Neu ist, dass der Arbeitgeber – entgegen landläufiger Meinung – nicht nur Wissen, Fähigkeiten und Fertigkeiten des Arbeitnehmers mit dem Anstellungsvertrag ‚einkauft', sondern die ganze Person. So hat er beispielsweise ein Recht auf Loyalität, was übrigens auch in die Gegenrichtung gilt. Der Berufsanfänger ist verpflichtet, dem Unternehmen seine volle Leistungskraft zur Verfügung zu stellen und sie ihm zu erhalten.

Die erste Aufgabe zu Berufsbeginn ist leicht beschrieben: Lernen, Lernen, Lernen. Dies nicht im Sinne eines wissenschaftlichen Studiums sondern durch Fragen, Nachahmen (das ist hier erwünscht!) und Üben – durchaus auch einmal im ‚Trial-and-Error'-Verfahren. Bekanntermaßen lernt der Mensch durch Irrtum tiefgreifend. Der Berufsanfänger fragt Kollegen, Vorgesetzte, Kunden, Lieferanten, Kooperationspartner: Just alle, die ihm bei einer kostengünstigen und raschen Problemlösung helfen können. Seine Fragen werden kaum als Belästigung aufgefasst, wenn er sich als Anfänger zu erkennen gibt. Insbesondere gilt dies, wenn er anbietet, auch nach Feierabend noch interessiert zu sein. Für ihn gilt zudem: keine Furcht vor Hierarchien! Auch die Befragten waren einmal Anfänger.

Es ist müßig zu erwähnen, dass der Start ins Berufsleben deutliche Anforderungen an die Kommunikationsfähigkeit stellt. So wird vom Berufsanfänger erwartet, dass er auf Kollegen und Vorgesetzte zugeht. Vorgesetzte und Kollegen sind vielbeschäftigte Mitarbeiter, die gewohnt sind, ihre eigenen Aufgaben zu lösen. Die Reihen besorgter Vorgesetzter und beobachtender Kollegen sind dünn gesät. So sollte sich der ‚Frischling' auf die Rolle des kreativen Störenfrieds besinnen und Kommunikation aktiv angehen. Hoch motiviert lässt er die Theorie der Hochschule oder Berufsausbildung hinter sich, um sich voller Eifer der Praxis zu widmen. Dann kommt der Tag, an dem Vorgesetzte oder Kollegen zum ersten Mal Kritik an der Lösung einer vorgegebenen Aufgabe üben. Jetzt heißt es kühlen Kopf zu bewahren und die Kritik an der eigenen Arbeit nicht mit Kritik an der Person zu verwechseln.

So wie man jedem Politiker 100 Tage gewährt, in denen er zwar unter Beobachtung, jedoch bei erhöhter Toleranzschwelle seine Leistung erbringen darf, wird man auch dem Anfänger einige Zeit ‚Trial and Error' zugestehen. Der Chef trägt ja noch die völlige Verantwortung für die Fehler seines neuen Mitarbeiters. Dennoch wird erwartet, dass ein Prozess des Lernens eintritt und immer anspruchsvollere Aufgabenstellungen gelöst werden. Ingenieure nennen dies bei technischen Anwendungen ‚Hochlaufen'. Kollegen und Vorgesetzte wollen das Hochlaufen feststellen können und damit sichergehen, den richtigen Mitarbeiter eingestellt zu haben. Sie alle warten auf die zusätzlich volle Arbeitskraft, der ja bereits die vollen Kosten gegenüberstehen.

Die hohe Motivation darf sich nicht allein auf die Arbeit richten, auch die Kollegen wollen sie spüren. Sie sind neugierig auf das neue ‚Familienmitglied'. Der

Berufsanfänger sollte daher deren Fragen mit Vertrauen und Offenheit begegnen, jedoch eine mögliche Konkurrenzsituation stets im Auge behalten. Auch wirkt es provozierend, als Newcomer dem Kollegen fachliche Ratschläge zu geben. Eine Frage der Art: ‚Könnte man das Problem nicht auch auf die Weise lösen, indem man ...?‘ wird dagegen leichter akzeptiert. Zudem ist es sicher nicht klug, seinem Chef bereits am ersten Tag zu sagen, dass er für seinen Job eigentlich nicht geeignet ist und man seinen Platz anstrebt.
Das Hochlaufen ist also ein sensibel zu handhabender Prozess, der außer der fachlichen auch die persönliche Seite umfasst. In diesem Zeitraum werden häufig Grundsteine für Erfolg oder Versagen im Beruf gelegt. Vorsicht und Rücksicht, gepaart mit Engagement, Initiative und Belastbarkeit sollten eine gute Mischung für die ersten 100 Tage im Berufsleben sein.“

1.4.7 Pate, Mentor und Coach

Unternehmen sind sich generell der Schwierigkeiten bewusst, die bei Hochschulabsolventen mit dem Eintritt in das Berufsleben auftreten können. Dem Berufseinsteiger fehlt die Erfahrung, wie er die Regeln und Werte innerhalb eines Unternehmens erkennen kann, um sich an ihnen zu orientieren. Die wichtigste Hilfestellung besteht erfahrungsgemäß darin, dem Neuen durch Gespräche und Rückmeldungen zu seinem Verhalten ein Gefühl dafür zu geben, wie er im neuen Kontext wahrgenommen und bewertet wird. Dabei geht es nicht um den kognitiven Bereich und reines Faktenwissen, sondern darum, handlungsorientierte Denkanstöße zu geben, die gleichzeitig das Gefühl vermitteln: „Wir lassen dich als neuen Mitarbeiter nicht alleine mit deinen Problemen“. In der Regel ist dies eine klassische Aufgabe der Führungskraft. Häufig wird jedoch eine zweite Person benannt, die in der Rolle des Paten, Mentors oder Coaches den Neueinsteiger begleitet.

Paten sind in der Regel Kollegen, die bereits über Berufserfahrung verfügen und in der gleichen hierarchischen Ebene wie Sie als Berufseinsteiger angesiedelt sind. Es handelt sich dabei um einen „Helfer“, der besonders in alltäglichen Dingen Unterstützung geben soll. Er fungiert als fachlicher und sozialer Begleiter, der aufgrund seines Insiderwissens so manchen unnötigen Gang oder einen Tritt ins Fettnäpfchen verhindern hilft. Denkbare Anlässe, ihn zu beanspruchen, sind Fragen wie diese:

- Wie komme ich an die Charts einer Firmenpräsentation?
- Wen spreche ich am besten im Nachbarbereich an, um zu erfahren, was dort gemacht wird?
- Welche Freizeitaktivitäten werden von der Firma angeboten?
- Ist Herr xy gegenüber allen Mitarbeitern so kurz angebunden oder liegt das speziell an mir und meinem Verhalten?

Das sind typische Fragen, die in den Bereich des Paten fallen. Je nachdem, wie vertrauensvoll die Beziehung im Lauf der Zeit wird, kann er Ihnen auch eine Rückmeldung über Ihr Verhalten geben und aufzeigen, wo Optimierungsbedarf besteht.

HINWEIS

Manche Führungskräfte betrachten die institutionalisierten Paten als Freibrief, um sich aus der Pflicht der intensiven Betreuung des neuen Mitarbeiters zu befreien. Legen Sie in dem Fall Wert darauf, dass trotz des Paten Ihr Vorgesetzter zuständig bleibt und Ihre Einarbeitung aktiv begleitet.

Der Mentor ist in der Regel hierarchisch höher angesiedelt als Sie und soll Ihnen zusätzlich zu Ihrem Vorgesetzten als weiterer, eher neutraler Ansprechpartner dienen. Der Kontakt zu einem Mentor ist sicherlich unter zeitlichen Gesichtspunkten nicht so intensiv wie der zu einem Paten. Auf der anderen Seite kann der Mentor aufgrund seines Status und seiner breiteren, häufig funktionsbereichsübergreifenden Erfahrung sehr wichtige Tipps und Rückmeldungen geben. Sie sollten die Gesprächstermine mit dem Mentor gut vorbereiten, um die zur Verfügung stehende Zeit intensiv zu nutzen. Das bedeutet, im Vorfeld Fragen zu sammeln und diese zielgerichtet zu formulieren. Mögliche Themen sind unter anderem diese:

- Welche Bereiche außerhalb meines engeren Arbeitsgebiets sollte ich kennenlernen?
- Gibt es derzeit ein strategisches Projekt, an dem ich entweder mitarbeiten oder das ich zumindest mit Interesse verfolgen sollte?
- Was halten Sie von dieser Ausarbeitung? (Feedback zu einer Ausarbeitung, die Sie erstellt haben)
- Wo sollte ich im Hinblick auf meine Weiterqualifizierung einen Schwerpunkt setzen?

Sie kennen sicherlich den Begriff „Coach“ aus der Welt des Sports. Dabei handelt es sich um einen Trainer, der seinen Schützling fördert und auf seinem beruflichen Weg begleitet. Ein Coach ist häufig auch ein externer Berater, der im Rahmen des „Inplacements“ die Einarbeitungsphase eines neuen Mitarbeiters verkürzen und eine erfolgreiche Integration fördern soll. Der Vorteil des Coaches im Vergleich zum disziplinarischen Vorgesetzten, der im Rahmen der Mitarbeiterführung diese Funktion mitübernehmen könnte, liegt darin, dass er seine Einschätzungen aus einer neutralen Perspektive heraus vornehmen kann und keine persönlichen Interessenkonflikte bestehen. Der Coach sollte selbst über praktische Erfahrung verfügen und in der Lage sein, das berufliche Umfeld und die Rahmenbedingungen einschätzen zu können. Seine Aufgabe besteht darin, einen Mitarbeiter als Externer in Fragen der beruflichen Alltagsbewältigung kontinuierlich zu begleiten. Sehr häufig wird das Coaching im Rahmen des Einarbeitungsprozesses eingesetzt. Hier geht es vorwiegend darum, dem noch neuen Mitarbeiter die Möglichkeit zu geben, neue Eindrücke und Erfahrungen zu reflektieren und sich darüber hinaus kompetenten Rat in Hinblick auf Handlungsalternativen zu holen.

Auch bei anderen Veränderungsprozessen wie Neustrukturierungen, Wechsel des Aufgabengebiets oder der erstmaligen Übernahme von Führungsverantwortung kann Coaching unterstützen. Ein weiteres Einsatzgebiet ist im oberen Managementbereich zu finden. Je exponierter eine Führungskraft in der Hierarchie angesiedelt ist, umso schwieriger wird es, aus dem beruflichen Umfeld ein offenes Feedback bezüglich der eigenen Verhaltensweisen zu erhalten. Der Coach ist hier Sparringspartner, der es der Führungskraft ermöglicht, sich eine realistische Selbsteinschätzung zu bewahren und damit ein Auseinanderdriften von Fremd- und Selbstbild zu vermeiden. Im Gegensatz zum Supervisor, der sich aufgrund seines in der Regel psychologischen Hintergrunds auf die Reflektion und Aufarbeitung von Verhaltensweisen konzentriert, sollte der Coach, basierend auf seiner eigenen beruflichen Erfahrung, auch konkrete Anregungen und Hilfestellungen bei der Problemlösung geben können

HINWEIS

Die Begriffe „Coach“ und „Mentor“ werden teilweise gleichbedeutend verwendet, wenn es sich um einen unternehmensinternen Begleiter und Gesprächspartner handelt.

Typische Themen, die Sie mit einem Coach besprechen können:

- Ich habe das Gefühl, mit meinen Fragen ständig auf verschlossene Ohren zu treffen.
- Ist es normal, dass ich immer noch Probleme habe, mein Arbeitsgebiet in die Gesamtzielsetzung des Bereichs einzuordnen?
- Irgendwie kann ich den Bezug zwischen dem, was mir jetzt an Aufgaben zugewiesen wird, und dem, was mir im Vorfeld zugesagt wurde, nicht herstellen.
- Sollte ich Probleme mit dem Kollegen x beim Chef ansprechen?

Auch wenn Ihnen ein Pate, Mentor oder Coach zur Seite steht, sollten Sie sich immer darüber bewusst sein, dass Ihr Vorgesetzter Ihr zentraler Ansprechpartner ist. Von seiner Einschätzung hängt es letztendlich ab, ob Sie als Mitarbeiter mit Potenzial gelten, deshalb mehr Verantwortung zugewiesen bekommen und am Ende der Probezeit weiter beschäftigt werden. Auch andere Personen des Vertrauens können in Hinblick auf das eigene Netzwerk wichtig und hilfreich sein. Sie können ebenfalls, sollten Sie innerhalb Ihres Bereichs auf Probleme stoßen, vermittelnd einwirken. Der beste Weg ist und bleibt jedoch ein offenes und vertrauensvolles Verhältnis zum Vorgesetzten anzustreben und sich dessen Unterstützung zu sichern.

1.5 Die Probezeit überstehen

In Ihrem Arbeitsvertrag gibt es mit Sicherheit einen Passus, der sich mit der Probezeit beschäftigt. Diese Phase soll beiden Vertragsparteien die Chance geben, sich gegenseitig zu beschnuppern und im Alltag festzustellen, ob sie zueinander passen. Bei einem Vorstellungsgespräch ist dies in der Regel nicht abschließend möglich. Erst der tägliche Umgang zeigt, ob die gegenseitigen Erwartungen erfüllt werden können und eine solide Basis für eine längerfristige Zusammenarbeit besteht. Daher hat der Gesetzgeber besondere Regeln für Probezeiten vorgegeben: Es gelten kürzere Kündigungsfristen (Minimum 14 Tage), zudem können beide Seiten das Arbeitsverhältnis lösen, ohne Gründe zu nennen. Damit soll sichergestellt werden, dass eine nicht zufriedenstellende Zusammenarbeit nicht länger als notwendig bestehen bleiben muss.

Auch bei Kündigungen während der Probezeit muss der Betriebsrat gemäß den Regelungen des Betriebsverfassungsgesetzes gehört werden, sonst ist die Kündigung unwirksam. Dies stellt aber während der Probezeit in der Regel eher eine Formalität dar. Die Probezeit darf nach derzeitigem Recht maximal sechs Monate betragen. Sie kann einmal verlängert werden, allerdings nicht über sechs Monate hinaus. Wer also in seinem Vertrag eine Probezeit von drei Monaten hat, muss damit rechnen, dass diese verlängert wird, sollte das Unternehmen noch nicht wissen, ob es Sie weiterbeschäftigen möchte. Dauert die Probezeit von vornherein sechs Monate, ist eine Verlängerung unmöglich.

Unternehmen sind grundsätzlich eher zögerlich, wenn es darum geht, ein Arbeitsverhältnis während der Probezeit zu beenden. Die Erfahrung zeigt, dass dies vor allem für mittelständische und Großunternehmen gilt. Sie nehmen den Aufwand für die Kündigung und, was noch viel schlimmer ist, für die Neubesetzung der Stelle nur dann auf sich, wenn es wirklich zu gravierenden Spannungen kommt oder der Mitarbeiter den gesteckten Erwartungen so gut wie gar nicht gerecht wird. Aus Unternehmenssicht ist das leicht zu erklären: Die Einstellung eines neuen Mitarbeiters verursacht ziemlich hohe Kosten und erfordert viel Zeit. Kandidaten müssen gefunden werden, Unterlagen sind zu sichten, zahlreiche Gespräche zu führen und schließlich ist eine Entscheidung zu treffen. Währenddessen bleibt der Arbeitsplatz unbesetzt und die Arbeit muss von Kollegen mit übernommen werden, die nicht begeistert darüber sind. Ist endlich ein neuer Mitarbeiter gefunden, muss wieder viel Zeit und Energie aufgewendet werden, um ihn einzuarbeiten. Er wird im Arbeitsumfeld, möglicherweise auch bei Kunden und Lieferanten eingeführt und er bekommt Aufgaben übertragen.

Kommt eine Führungskraft zu dem Entschluss, einen Mitarbeiter nicht weiter beschäftigen zu wollen, muss sie diese Entscheidung zunächst im Haus kommunizieren und begründen. Häufig ist damit das Eingeständnis verbunden, bei der Auswahl einen Fehler gemacht zu haben; und wer gibt schon gerne Fehler zu? Noch schlimmer ist es, externen Partnern wie Lieferanten und Kunden die Nachricht zu vermitteln. Der als neuer kompetenter Ansprechpartner angepriesene Mitarbeiter muss ihnen gegenüber nun als weniger leistungsfähig oder vertrauenswürdig dargestellt werden, um die eigene Entscheidung zu rechtfertigen. Für den Kunden bedeutet dies, dass er sich bald wieder an ein neues Gesicht gewöhnen muss und keine Kontinuität bei der Betreuung hat. Kurzum, es ist mit ziemlich vielen Unannehmlichkeiten verbunden, diesen Schritt zu gehen, da wird doch lieber in manchen Fällen ein Auge zugedrückt und gehofft, dass sich schon noch alles zum Guten wenden wird.

Diese firmeninternen Überlegungen dürfen bei Ihnen nicht den Eindruck erwecken, die Probezeit zu überstehen sei ein Kinderspiel. Natürlich sollten Sie von Ihrer Seite aus alles tun, dass diese erste Zeit im Unternehmen so positiv wie möglich verläuft, um sich im Hinblick auf die Zukunft Perspektiven zu eröffnen. Wer halbherzig mitgezogen wird und ein schlechtes Image hat, wird mittelfristig kaum Verantwortung übertragen bekommen und auf Dauer selbst unzufrieden sein.

Wenn Sie die Probezeit erfolgreich überstehen wollen, erinnern Sie sich an die vorausgegangenen Kapitel: Gute Leistung bringen, sich in das neue Umfeld integrieren, vor allem Lernbereitschaft zeigen und sich regelmäßig Feedback einholen, um das Selbstbild durch realistische Fremdeinschätzungen objektivieren zu können, das sind Schrauben, an denen Sie drehen können. Sicherlich gehört aber auch wie überall im Leben die notwendige Portion Glück dazu, dass Sie zum Beispiel auf Kollegen treffen, mit denen Sie auf der gleichen Wellenlänge liegen, oder einen Chef bekommen, der Sie unterstützt und der Ihnen Vorbild sein kann.

Die Probezeit gilt allerdings nicht nur auf einer Seite als Meilenstein. Auch Sie sollten sich die Frage stellen, ob die gemeinsame Arbeit weitergehen soll. Es ist sinnvoll, alles Bisherige kritisch zu hinterfragen:

- Entspricht das, was ich die letzten Monate vorgefunden und erlebt habe, zumindest annähernd meinen Erwartungen an einen Arbeitsplatz?
- Kann ich mir vorstellen, mich hier längerfristig wohlzufühlen und mich einzubringen?
- Habe ich den geeigneten Berufseinstieg gewählt?
- Habe ich mich für das richtige Unternehmen entschieden?

Bei der Beantwortung dieser Fragen sollten Sie nicht voreilig die Flinte ins Korn werfen und einfach alles hinschmeißen, auch wenn nicht alles rund gelaufen ist. Es wäre sicherlich unter den Gesichtspunkten des Durchhaltevermögens und der Frustrationstoleranz nicht der beste Start, wenn Sie nach wenigen Monaten das Handtuch werfen und aus dem Einstiegsjob gleich wieder aussteigen. Kommen Sie aber nach gründlicher Überlegung und zahlreichen Gesprächen, eventuell auch mit einem externen Berater, zu dem Ergebnis, dass Sie eine falsche Wahl getroffen haben, sollten Sie nach dem Motto „Lieber ein Ende mit Schrecken als ein Schrecken ohne Ende" darüber nachdenken, das Arbeitsverhältnis zu beenden.

HINWEIS

In diesem Zusammenhang sei angemerkt: Kündigen Sie möglichst erst dann, wenn Sie bereits ein anderweitiges Angebot vorliegen haben. Ohne Alternativen zu kündigen bringt Sie leicht in eine noch schwierigere Situation, nämlich aus der Arbeitslosigkeit, die einen massiven Wettbewerbsnachteil darstellt, unter Druck eine neue Anstellung suchen zu müssen.

Kommen wir zurück zu der wahrscheinlicheren Variante, dass das Arbeitsverhältnis auch über die Probezeit hinaus fortgesetzt wird. Das ist natürlich ein Grund zur Freude. Doch Vorsicht: All diejenigen, deren Probezeit weniger als sechs Monate beträgt, sollten mit dem Öffnen des Champagners zurückhaltend sein. Die Tatsache, dass diese Phase abgelaufen ist, ändert nichts an der Tatsache, dass die Regelungen des Kündigungsschutzgesetzes erst nach sechs Monaten Betriebszugehörigkeit greifen. Ein Arbeitgeber kann demnach auch nach Ende der Probezeit innerhalb der Sechsmonatsfrist eine Kündigung aussprechen, ohne Gründe nennen zu müssen. Auch der Widerspruch des Betriebsrats nützt hier nichts. Das bedeutet: Ganz gleich, ob Ihre Probezeit drei oder sechs Monate beträgt, das erste halbe Jahr ist Ihre rechtliche Position im Hinblick auf eine mögliche arbeitgeberseitige Kündigung noch schlecht.

1.6 Praxisschock – Höhen und Tiefen in der Anfangsphase

Die ersten Monate im Berufsleben werden Ihnen teilweise wie eine emotionale Achterbahn vorkommen. Erste Erfolge, zum Beispiel das Gefühl, von den Kollegen anerkannt zu werden, die erste gelungene Präsentation, der erste akquirierte Auftrag beim Kunden oder das erste Lob des Chefs für gute Arbeit veranlassen Sie zu Höhenflügen, die neue Kraft geben, um sich wie ein Maulwurf weiter durch noch unbekannte Materie zu wühlen. Ebenso gibt es Momente, in denen Sie am liebsten alles hinwerfen würden. Sie überkommt das Gefühl, dass Sie versagen und den gestellten Erwartungen nicht gerecht werden. Sie fragen sich, wofür Sie all die Theorie gelernt haben, wenn in der Praxis doch Pi mal Daumen entschieden und Ihr Wissen eher belächelt als anerkannt wird.

All das ist vollkommen normal, so geht es fast allen Berufseinsteigern, dem einen mehr, dem anderen weniger. Entscheidend ist, dass diese Stimmungsschwankungen, insbesondere die Tiefphasen, nicht zu lange andauern. Wer über einen längeren Zeitraum mit Magendrücken ins Büro geht, die Tränen nur schwer unterdrücken kann und jegliche Lebensfreude verliert, sollte sich sehr ernsthaft fragen, ob der eingeschlagene Weg der richtige ist. Es hängt sicherlich entscheidend von der Psyche des Einzelnen ab, wie er mit Belastungen umgehen kann. Für den einen stellen hohe Anforderungen einen notwendigen Anreiz dar, um überhaupt die volle Leistungsfähigkeit entfalten zu können, also den Kick, über sich selbst hinauszuwachsen und neue Höhen zu erklimmen. Für den anderen ist starker Druck oder Stress eine Belastung, die ihn vollkommen hemmt, sodass gar nichts mehr geht.

Hier ist es wichtig, ein realistisches Bild von sich selbst zu haben. Gehen Sie dazu in Ihrem Leben gedanklich zurück: Wie sind Sie in der Vergangenheit mit neuen Situationen zurechtgekommen? Wie lange hat es erfahrungsgemäß gedauert, bis Sie sich an einer neuen Schule, an der Uni oder in einem neuen Verein zurechtgefunden haben? Diese Erfahrungswerte können Ihnen wichtige Hinweise darauf geben, ob die momentane Situation des Berufseinstiegs noch im Bereich des für Sie Bewältigbaren liegt oder ob die Rahmenbedingungen so gestaltet sind, dass nur der klare Schnitt für Sie die Lösung sein kann. Bei all Ihren Überlegungen sollten Sie sich aber bewusst machen, dass der Einstieg ins Berufsleben sicherlich die größte Veränderung in Ihrem bisherigen Leben darstellt. Geben Sie sich und anderen daher mehr Zeit für diese neue Weichenstellung im Leben, als sie es bei anderen Veränderungsprozessen getan haben.

Eine ganz entscheidende Rolle spielt das private Umfeld. Wer sich auf eine Familie oder einen Partner verlassen kann, der genug Freiraum auf der einen Seite sowie Verständnis und Unterstützung auf der anderen Seite gibt, wird Startprobleme deutlich besser bewältigen. Suchen Sie daher das intensive Gespräch mit Freunden und Verwandten. Das hilft Ihnen, Vorgänge aus dem Job zu verarbeiten, und liefert gleichzeitig eine zweite Einschätzung der Situation. Ferner wird Ihre Umwelt mehr Verständnis für Sie und Ihre momentane Situation aufbringen können, wenn die betreffenden Personen mehr über die aktuellen Umstände wissen.

Wenn Sie mit Freunden oder Familienmitgliedern Ihre berufliche Situation besprechen, gibt es erfahrungsgemäß drei Risikofelder, die Sie im Auge behalten sollten:

- Ihre Gesprächspartner, besonders Eltern, sind in der Regel nicht ganz objektiv. Sie sind voreingenommen und neigen dazu, aus Liebe zu wohlwollend Ihnen gegenüber zu argumentieren.
- Ihr Gesprächspartner kann die Situation wegen mangelnder eigener oder zu lang zurückliegender Erfahrung nicht nachvollziehen und deshalb nicht richtig einschätzen.
- Ihre Gesprächspartner sind mit eigenen Problemen beschäftigt oder es fehlt ihnen ganz einfach das Interesse, sich ständig mit Ihnen über Ihre Probleme zu unterhalten.

Wie beständig eine Partnerschaft oder Freundschaft ist, zeigt sich gerade in solchen Situationen. Fordern Sie Ihre Umwelt, seien Sie aber auch bereit zu akzeptieren, wenn jemand sich einfach überfordert fühlt. Wenn Sie aus Ihrem privaten Umfeld keine ausreichende Unterstützung erhalten können, kann auch ein externer Berater, sei es ein Karriereberater oder ein Psychologe, der sich auf berufliche Themenfelder spezialisiert hat, eine Alternative darstellen. Sicherlich kostet seine Leistung Geld, das aber gut investiert ist, wenn Sie dadurch dem Berufseinstieg eine positive Wende geben können und mit professioneller Unterstützung neue Perspektiven erkennen.

Für eine Beziehung kann es sehr belastend sein, wenn Ihnen die beruflichen Probleme über den Kopf wachsen, Sie nur noch über Ihren Job sprechen können sowie jegliche Freizeitaktivitäten und liebgewordene Gemeinsamkeiten völlig entfallen. Deshalb noch einmal der Hinweis: Bereiten Sie im Vorfeld Ihr privates Umfeld auf die Veränderungen vor, die mit Ihrem Berufseinstieg verbunden sind. Vermeiden Sie in dieser Phase zeitaufwendige, strapaziöse Privatprojekte, die Sie zusätzlich belasten. Der Umbau einer Wohnung oder der Vorsitz im Sportverein sollten nicht gerade parallel zum Berufsstart in Angriff genommen werden. Reservieren Sie die am Anfang oft sehr knapp bemessene Freizeit für Erholung oder Sport sowie für die Pflege privater Kontakte. Dieser Ausgleich ist wichtig für Ihr Wohlbefinden und für emotionale Stabilität, die es Ihnen ermöglicht, mit Rückschlägen und Frust fertig zu werden.

1.7 Das Ende der Einarbeitungszeit

Auf die Frage, wann die Einarbeitungszeit abgeschlossen ist, gibt es keine allgemeingültige Antwort. In der Wirtschaft geht man im Allgemeinen von Einarbeitungszeiten aus, die zwischen einem halben Jahr und bis zu zwei Jahre umfassen können. Die Einarbeitungszeit endet, wenn Sie als Berufsanfänger über ein gewisses Maß an Routine verfügen und Ihre vorgegebenen Aufgaben in angemessener Zeit mit vertretbarem Kostenaufwand lösen können. Es interessiert hierbei nur am Rande, wie Sie die Lösung erreichen. Insbesondere Ingenieure neigen dazu, den Weg zur Routine bis zur Sättigungsgrenze auszudehnen, ohne zu berücksichtigen, dass der Aufwand, um von 90 auf 98 Prozent der Leistungsfähigkeit zu kommen, sehr viel höher ist, als wenn eine Steigerung von 50 auf 58 Prozent erreicht werden soll. In ersten Fall besteht die große Gefahr, dass man noch im fünften Jahr an der eigenen Perfektionierung arbeitet während der pragmatische Kollege auf der Karriere- oder Gehaltsleiter schon an einem vorbeigezogen ist. Als Neueinsteiger sollten Sie demnach die Anforderungen an die eigene Perfektion nicht ins Unendliche schrauben, damit Sie die Ergebnisse Ihrer Arbeit noch zeit- und kostengünstig anbieten können.

TIPP

Die Tätigkeitsbeschreibung sollte anfangs nur vage umrissen sein. Sie muss sicher im Verlauf der Einarbeitung angepasst werden, kann aber dennoch zur Abgrenzung von Verantwortung dienen, die sich mit der Zeit sicherlich erhöht. Eine nicht allzu exakte Tätigkeitsbeschreibung gestattet es dem Mitarbeiter, sie im Sinne der eigenen Interessen und Fähigkeiten aufzufüllen, da sie die entsprechenden Freiräume gibt.

Wann Ihre Einarbeitungszeit abgeschlossen ist, werden vermutlich Ihr Chef, Ihre Kollegen und Ihre Kunden viel schneller und besser merken als Sie. Indem sie Ihnen umfangreichere Aufgaben übertragen, nach Ihrer Meinung fragen und Sie in neue Themen einbeziehen, erhalten Sie wichtige Signale, dass man Sie nun als vollwertiges Mitglied akzeptiert und entsprechend fordert. Das Ende der Einarbeitungszeit sollte in keiner Weise bedeuten, dass Sie das Ende des Lernens einläuten. Seien Sie sich bewusst, dass die Auseinandersetzung mit immer neuen Aufgabengebieten und Technologien in Ihrem weiteren Berufsleben einen festen Platz einnehmen wird, wenn Sie nicht Gefahr laufen wollen, den Anschluss zu verpassen.

1.8 Berufsstart – nützliche Tipps aus erster Hand

Bis hierher haben wir das Thema Berufsstart unter vielen verschiedenen Aspekten beleuchtet. Zum Abschluss sollen Ihnen Tipps und Hilfestellungen von erfahrenen Unternehmensvertretern nochmals ein paar Anregungen geben, zum Beispiel die von Monika Langmann, kaufmännische Geschäftsführerin der MRC GmbH (www.mrc.de).

Aus der Praxis: Expertenwissen

„Uns ist es sehr wichtig, dass ein Mitarbeiter in unser Team passt und sich in unserem Team wohlfühlt. Daher versuchen wir, Bewerbern ein realistisches Bild des zukünftigen Aufgabengebiets zu vermitteln und erwarten auch ein authentisches Vorgehen/Verhalten, damit es langfristig zu einer guten Zusammenarbeit kommt. Die Bereitschaft, vom ersten Tag an auf die Teamkollegen zuzugehen, ist daher aus unserer Sicht sehr wichtig. Positiv in unser Unternehmen einbringen kann sich der neue Kollege/die neue Kollegin zudem, wenn er/sie sich bereit zeigt, bei Engpässen auch Aufgaben zu übernehmen, die nicht direkt das eigentliche Arbeitsgebiet betreffen. Ferner wünschen wir uns Offenheit. Mit einem neuen Teammitglied ist für uns als Unternehmen immer die Chance verbunden, eine unvoreingenommene Meinung über Prozesse und Verhaltensweisen zu erhalten. Gleichzeitig sollte auch der neue Mitarbeiter konstruktive Kritik annehmen und sich im Unternehmen weiterentwickeln wollen."

Renate Neuffer, Business Partnerin im Personalwesen bei der Robert Bosch GmbH am Forschungs- und Entwicklungsstandort Schwieberdingen bei Stuttgart, gibt zusätzlich folgende Tipps.

Aus der Praxis: Expertenwissen

„Der erste Arbeitstag ist da, Sie sind bereit, mit Engagement und vielen Ideen zu starten. Da auch den Unternehmen daran liegt, Sie möglichst schnell fit für alle Aufgaben zu machen, bieten sie häufig detaillierte Einarbeitungsprogramme und begleitende Maßnahmen an. Darüber hinaus haben wir bei Bosch in Schwieberdingen mit Patenschaften sehr gute Erfahrungen gemacht: Dabei stehen erfahrene Mitarbeiter den Neuen in den ersten Monaten mit Rat und Tat zur Seite. Sie sind erster Ansprechpartner sowohl für fachliche als auch organisatorische und informelle Themen: Welche Seminare und Kurse sind besonders zu empfehlen? Wer sind die Ansprechpartner für welche Themen? Wo finde ich welche Unterlagen? Aber auch: Gibt es wichtige Regeln im Umgang miteinander, die ich unbedingt kennen sollte? Wir raten Berufseinsteigern, das Know-how dieser Paten zu nutzen, um sich schnell im neuen Umfeld zurechtzufinden und potenzielle Fettnäpfchen zu umgehen.

Wem gleich in den ersten Tagen und Wochen Dinge auffallen, die er/sie gerne verändern will, sei empfohlen: Zunächst ist Zurückhaltung angesagt. Hinterfragen Sie die Vorgänge. Versuchen Sie, die Prozesse zu verstehen und nachzuvollziehen. Häufig sind Verbesserungspotenziale bereits erkannt und es wird daran gearbeitet. Erkundigen Sie sich, wo entsprechende Verbesserungsteams schon bestehen, und bringen Sie Ihre Ideen gewinnbringend für sich und für das Unternehmen ein, ohne als Besserwisser abgetan zu werden!“

2 Berufspraxis

Sie haben sich Ihre ersten Sporen verdient und sicherlich während der Einarbeitungszeit auch ein paar Schürfwunden und Kratzer abbekommen. Aber diese kleinen Wunden sind in der Zwischenzeit verheilt und so langsam stellt sich das Gefühl ein, festen Boden unter den Füßen zu spüren. Jetzt geht es darum, sich innerhalb des Unternehmens zu positionieren und den eigenen Aktionsradius auszudehnen. Dieses Kapitel liefert Ihnen wesentliche Informationen über Rahmenbedingungen und Spielregeln in der Berufswelt, deren Kenntnis eine wichtige Voraussetzung darstellt, um sich erfolgreich auf diesem Parkett bewegen zu können.

Der Blick hinter die Kulissen soll Ihnen Zusammenhänge verdeutlichen und Sie dazu befähigen, dieses Wissen bewusst einzusetzen, um Ihre Ziele zu verwirklichen. Leider sind sich viele Hochschulabsolventen nicht darüber im Klaren, dass es nicht reicht, die an der Uni erworbenen Kenntnisse in die Praxis einzubringen, um erfolgreich im System Unternehmen arbeiten zu können. Wie in anderen Lebensbereichen spielen in der Berufswelt der Nasenfaktor, Machtverhältnisse, Kontakte, aber auch ein Informationsvorsprung eine nicht zu unterschätzende Rolle. Dieses zweite Kapitel wird sich deshalb schwerpunktmäßig mit den offiziellen und inoffiziellen Organisations- und Machtstrukturen in Unternehmen beschäftigen und Ihnen die Bedeutung von sozialer Kompetenz und von Netzwerken aufzeigen.

2.1 Corporate Identity

Wie sagen die Amerikaner so schön: „Everyone is special, no one is just like you". Diese Einzigartigkeit, die sich in diesem Satz auf Personen bezieht, gilt in gleicher Weise für Organisationen. Erhebungen über die beliebtesten Arbeitgeber zeigen, dass die Einschätzungen auf dem Image eines Unternehmens beruhen. Hier spielen eine ganze Reihe von Faktoren mit hinein, zum Beispiel diese:

- Produkte, Dienstleistungen, Marken
- Werbeauftritt
- Unternehmenskultur, Werte
- Innovationskraft
- Marktposition
- Gesellschaftliches Engagement
- Wirtschaftlicher Erfolg

- Arbeitsplatzsicherheit
- Bekanntheitsgrad

Sicherlich hat auch bei Ihrer Entscheidung für einen Arbeitgeber dessen Image eine wichtige Rolle gespielt. Wer zum Beispiel bei Google oder Porsche arbeitet, kann im privaten Freundeskreis mehr Anerkennung erwarten, als wenn er bei der Niederhuber GmbH, einem Hersteller von Dichtungsventilen, tätig ist, die kein Mensch kennt und deren Produkte einen auch nicht gerade vom Hocker reißen.

Katja Reichert

Wenn ein Unternehmen das eigene Image und Erscheinungsbild bewusst beeinflusst und es als harmonisch, in sich schlüssiges Gesamtbild gestaltet, spricht man von Corporate Identity. Dieser Begriff ist sehr in Mode gekommen; die jeweiligen Grundsätze fixieren die Unternehmen schriftlich in Form von Richtlinien. Sie dokumentieren, wie zum Beispiel Firmenpräsentationen (Charts) aussehen sollen, wie Briefe oder Visitenkarten formal zu gestalten sind, teilweise sogar, wie sich Mitarbeiter am Telefon zu melden haben. Die Corporate Identity spiegelt sich in der Aufmachung der Produkte, der Verpackung und nicht zuletzt im Logo oder Warenzeichen wider. Der aus dem amerikanischen kommende Trend, nicht nur den Firmennamen und das Logo, sondern auch die Unternehmensphilosophie in kurzer prägnanter Form im Rahmen der Corporate Identity nach außen zu tragen, ist in Europa ebenfalls längst angekommen. Wer kennt sie nicht, die eingängigen Slogans wie „ Mercedes —Das Beste oder nichts“, „Dr. Oetker — Qualität ist das beste Rezept“ oder „Toyota — Nichts ist unmöglich“, um nur einige Beispiele zu nennen.

Die Corporate Identity hilft Ihnen als Mitarbeiter eines Unternehmens, sich zu orientieren. In ihr spiegeln sich unter anderem die Werte und die Unternehmenskultur wider, also die Grundregeln für den Umgang miteinander. Gerade die Unternehmenskultur stellt für junge Berufsstarter ein zentrales Kriterium für die Wahl des Arbeitgebers dar. Bei Befragungen von Hochschulabsolventen, was ihnen bei der Entscheidung für einen Arbeitgeber besonders wichtig ist, werden Arbeitsklima und Unternehmenskultur an vorderer Stelle genannt. Es folgen das Arbeitsgebiet sowie die Entwicklungs- und Aufstiegschancen und immer häufiger auch die Life-Work-Balance. Das Gehalt steht nicht im Vordergrund.

Nur wer sich mit den Unternehmenswerten und -zielen identifizieren kann, wird erfolgreich für seinen Arbeitgeber tätig werden, denn die Unternehmenskultur stellt praktisch das „Grundgesetz" eines Unternehmens dar. Aus diesem Unternehmensleitbild leiten sich alle weiteren Regelungen und Vorgaben ab. Sehr häufig werden sogenannte Führungsgrundsätze festgelegt, die den Umgang miteinander regeln sollen, das ist zum Beispiel beim Keramikwarenhersteller Villeroy & Boch der Fall.

Führungsgrundsätze bei Villeroy & Boch

Auf Grundlage der Unternehmensleitlinien der Villeroy & Boch AG haben wir die Grundsätze der Zusammenarbeit und Führung formuliert. Diese Grundsätze beschreiben ein erreichbares Ideal, an dem sich jeder orientieren – aber auch gemessen werden kann. Nach ihrem Anspruch wollen wir verbindlich handeln. Das vertrauensvolle Miteinander im Konzern ist – zusammen mit dem Willen zur Erzielung von Spitzenleistung – wesentlich zur Erreichung des gemeinsamen Ziels: wirtschaftlicher Erfolg. Jeder im Hause Villeroy & Boch trägt zu diesem Erfolg bei.

1. Wir haben den Willen zur Leistung

Die Verwirklichung unserer Ziele erfordert fundiertes Fachwissen, hohe Leistungsbereitschaft sowie Einsatz und Initiative jedes Einzelnen.

2. Wir handeln lösungsorientiert

Wir konzentrieren uns auf das Ziel, nicht auf die Hindernisse und stellen die Aufgabe und nicht uns selbst in den Vordergrund

3. Wir kommunizieren direkt und offen

Eine offene Kommunikation schafft Vertrauen. Wir setzen auf den ständigen, konstruktiven Dialog, der wichtiger Wegbereiter unseres Erfolges ist.

4. Wir pflegen das Mitarbeitergespräch

Durch einen vertrauensvollen Gedankenaustausch wird die Basis für eine konstruktive Zusammenarbeit geschaffen. Aus den Gesprächsergebnissen werden gemeinsam konkrete Ziele festgelegt.

5. Wir führen durch Zielvereinbarungen
Gemeinsame Zielvereinbarungen bewirken eine hohe Identifikation mit der Aufgabe und sichern den Erfolg. Die Führungskraft gibt den Rahmen zur Zielerreichung vor. Der Mitarbeiter ist für den Weg verantwortlich.
6. Wir handeln als Vorbild
Führungskräfte sind Vorbild und erarbeiten sich Anerkennung durch ihre Integrität und Glaubwürdigkeit. Sie setzen hohe Standards und lassen sich selbst daran messen. Führungskräfte schaffen – bei aller Kosten- und Ergebnisorientierung – ein Klima, das den Mitarbeitern Spaß an der Arbeit vermittelt.
7. Wir sehen Personalentwicklung als entscheidende Aufgabe
Die zielorientierte Entwicklung und Förderung von Mitarbeitern ist Aufgabe und Verpflichtung zugleich. Hierbei betrachten wir auch Jobrotation als Förderung.
8. Wir sind bereit, uns zu ändern
Wir reagieren auf neue Herausforderungen eigenständig, flexibel und mit dem Willen, uns nicht von unseren Zielen abbringen zu lassen. Wir besitzen die Kraft, gesicherte Wege zu verlassen und wenn nötig, auch gegen den Strom zu schwimmen.

Die hier als Beispiel vorgestellten Handlungsleitlinien sind in ihrer Formulierung schon sehr detailliert. Sie ermöglichen es Ihnen als Nachwuchskraft, das entsprechende Verhalten von Ihrer Führungskraft einzufordern.

Beschäftigen Sie sich als neuer Mitarbeiter sehr intensiv mit den Aussagen, die Ihr Unternehmen mit seiner Corporate Identity und in den Unternehmensgrundsätzen formuliert. Zudem sollten Sie sich über Leitfäden oder Schulungen informieren, die vermitteln, wie die Vorgaben umgesetzt werden. Häufig finden Sie Wissenswertes hierzu in den unternehmensinternen Intranets. Besprechen Sie Ihre Eindrücke mit Ihrem Vorgesetzten oder Kollegen, wenn Sie bestimmte Formulierungen nicht verstehen oder ergänzende Erläuterungen benötigen.

Sie werden im Lauf der Zeit feststellen, dass die Einstellung der einzelnen Mitarbeiter zu den Unternehmensleitsätzen sehr unterschiedlich ausgeprägt ist. Für die einen stellen sie nur leeres Gerede dar, andere kennen deren Inhalte überhaupt nicht und wieder andere tragen die Grundsätze ausgedruckt wie ein Gebetbuch unter dem Arm durch die Gegend, um nach außen ihre Identifikation mit ihnen zu dokumentieren. Die für Sie hilfreichsten Vorbilder sind die Mitarbeiter, bei denen Sie die Verinnerlichung und praktische Umsetzung der Grundsätze tagtäglich erleben. Beobachten Sie intensiv, inwiefern Ihre Vorgesetzten und Kollegen die vorgegebenen Leitsätze umsetzen. Wie verhalten sich insbesondere die Personen, die eine hohe Akzeptanz im Unternehmen genießen?

Seien Sie nicht zu kritisch, wenn das vom Unternehmen beschriebene Wunschverhalten, das die Unternehmensleitsätze beschreiben, noch nicht vollständig zu erkennen ist. Sicherlich sollten Leitsätze keine leeren Phrasen sein, die im Alltag keine Rolle spielen. Die Realität wird aber in der Regel so aussehen, dass nicht alle Mitarbeiter das angestrebte Zielverhalten tagtäglich zeigen. Überprüfen Sie, wie es um Ihre Identifikation mit den Grundsätzen bestellt ist, und versuchen Sie, mit Ihrem Verhalten den Vorgaben gerecht zu werden.

2.2 Organigramme

Für jeden Berufseinsteiger sieht die Ausgangssituation ungefähr so aus: Ein großes Unternehmen, viele Menschen, die darin arbeiten, und Sie als neuer Mitarbeiter ohne Ahnung, wer wofür zuständig ist. Eine erste Orientierung kann Ihnen das Organigramm geben, das in grafischer Form die Organisationsstruktur eines Unternehmens in einer statischen Momentaufnahme festhält. Insbesondere in größeren Unternehmen ermöglicht es einen ersten Überblick, mit welchem Organisationsmuster das Unternehmen hinterlegt ist, wie die einzelnen Organisationseinheiten zusammenhängen und welche Bereiche den unterschiedlichen Führungsebenen zugeordnet sind. Organigramme erleichtern die Einordnung des eigenen Arbeitsbereichs in das Gesamtkonstrukt des Unternehmens. Außer dem Unternehmensorganigramm, das neben der Geschäftsführung nur die erste oder zweite Organisationsebene darstellt, gibt es teilweise für die einzelnen Bereiche eigenständige Organigramme, die die einzelnen Tätigkeitsfunktionen bis auf Sachbearbeiterebene abbilden. Beschäftigen Sie sich also mit den vorhandenen Organigrammen und deren Inhalten, um sich einen ersten Überblick zu verschaffen.

Im Lauf der Zeit haben sich eine Reihe unterschiedlicher Organisationsformen entwickelt, einige werden im Folgenden kurz dargestellt. Dabei handelt es sich lediglich um die Grundformen, die abhängig vom Unternehmen individuell ausgestaltet werden. Die Organisationsmodelle sollen verdeutlichen, wie unterschiedlich sich ein Unternehmen strukturieren kann, was sich unweigerlich auch auf Ihre persönliche Arbeit auswirkt. Ich bitte insbesondere die Wirtschaftswissenschaftler unter Ihnen um Nachsicht, falls Ihnen die Beschreibungen zu oberflächlich und simpel gehalten sind. Eine Vertiefung an dieser Stelle würde zu weit führen.

TIPP

Sofern Bedarf besteht, empfehle ich Ihnen, sich intensiver mit Fachliteratur zu den Organisationsformen zu beschäftigen, da diese Modelle zusätzlich sehr viel Wissen über strategische Unternehmensführung vermitteln.

Linienorganisation

Die Linienorganisation ist dadurch gekennzeichnet, dass eine eindeutige hierarchische Zuordnung der einzelnen Bereiche besteht und diese funktional gegliedert sind. Es gibt zum Beispiel einen Bereich Technik, Vertrieb, kaufmännische Aufgaben, der sich jeweils wieder nach bestimmten Tätigkeiten und Aufgaben unterteilt. Stabsstellen, die organisatorisch einem Führungsbereich unterstehen, sind für funktionsbereichsübergreifende Aufgaben zuständig, zum Beispiel Qualitätssicherung, oder erfüllen als Assistentenstellen für die Geschäftsführung Koordinationsaufgaben. Der Vorteil dieser Organisationsform liegt in der klaren Struktur und Übersichtlichkeit. Die Nachteile: lange Dienstwege und eine ausgeprägte Hierarchiepyramide, die das am Markt notwendige schnelle Handeln deutlich erschwert. In der Regel sind die Mitarbeiter in einer solchen Organisation an enge Grenzen und Vorgaben gebunden und müssen sich in ihrem Handeln an den hierarchischen Strukturen orientieren.

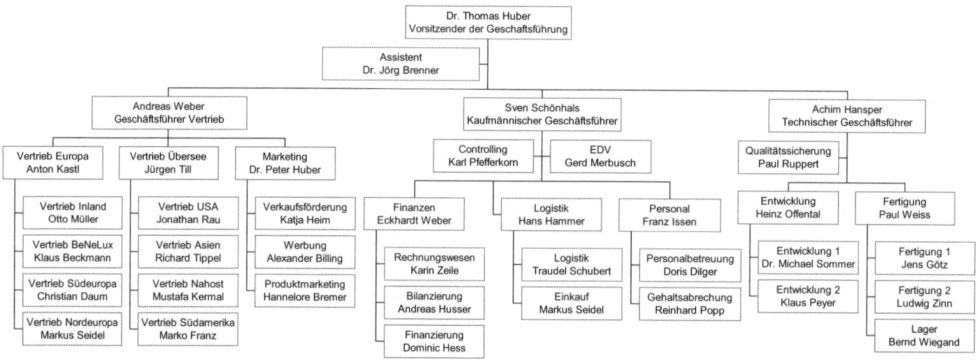

Linienorganisation

Matrixorganisation

Bei der Matrixorganisation werden zwei Organisationsprinzipien kombiniert. So ist ein Unternehmen beispielsweise in die Funktionen Einkauf, Fertigung und Vertrieb gegliedert, gleichzeitig sind Länderverantwortungen zugewiesen. In unserem Beispiel berichtet der Leiter der Organisationseinheit Vertrieb Pkw in Frankreich an den Leiter Vertrieb und an den Länderverantwortlichen Frankreich.

Die Matrixorganisation basiert in der Regel auf einer funktionalen Organisation der Abläufe, bietet jedoch den Vorteil, dass durch die geteilte Verantwortung spezifische Belange berücksichtigt werden können. Der Nachteil besteht darin, dass die einzelnen Bereiche mehreren übergeordneten Stellen berichtspflichtig sind und dieser Abstimmungsprozess zusätzlich Abläufe verlangsamt.

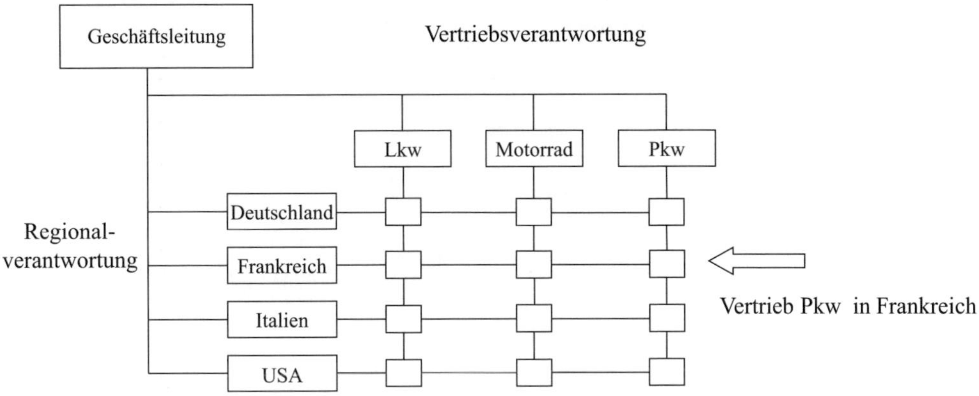

Matrixorganisation

Prozessorganisation

Bei der Prozessorganisation wird die funktionale Gliederung einer Organisation aufgegeben, die Strukturen richten sich nach den Bedürfnissen und Anforderungen der Kunden. Die Kernprozesse werden durch sogenannte Lines of Business definiert, die alle anfallenden Tätigkeiten in einer Prozesskette beinhalten. In unserem Beispiel würde der Kernprozess die Entwicklung, die Fertigung, den Vertrieb und das Produktmarketing einer Spülmaschine beinhalten, wobei alle Einzelaufgaben ineinandergreifen und die Prozesskette den Ablauf von der Kundenbestellung bis zur Auslieferung und dem sich anschließenden Kundendienst umfasst. Diese Kernprozesse werden durch sogenannte Unterstützungsprozesse mit Dienstleistungen versorgt, die wiederum aus Bereichen wie Gebäudemanagement, Human Resources, IT sowie Finance and Accounting kommen. Managementprozesse führen zu den strategischen Rahmenbedingungen, sie beziehen sich zum Beispiel auf Führungsgrundsätze, Unternehmensbeziehungen oder Qualitätsmanagement.

Die Prozessorganisation gilt als ein modernes Modell. Viele Unternehmen befinden sich gerade auf dem Weg dorthin, um auf die Anforderungen der Märkte flexibler reagieren zu können. Die Anforderungen an die Führungskräfte und Mitarbeiter, die in einer Prozessorganisation arbeiten, unterscheiden sich stark von denen anderer Modelle. Der Leiter eines Kernprozesses beispielsweise ist nicht mehr der beste Fachmann seines Bereichs. Da er Mitarbeiter mit den unterschiedlichsten fachlichen Qualifikationen führen muss, wird er in dieser Organisationsform verstärkt die Rolle des Coaches, Beraters und Disponenten übernehmen müssen. Die Mitarbeiter bekommen mehr Verantwortung innerhalb ihres Aufgabengebiets übertragen und sind damit auch stärker gefordert, durch das Einbringen neuer Ideen den Prozess zu optimieren.

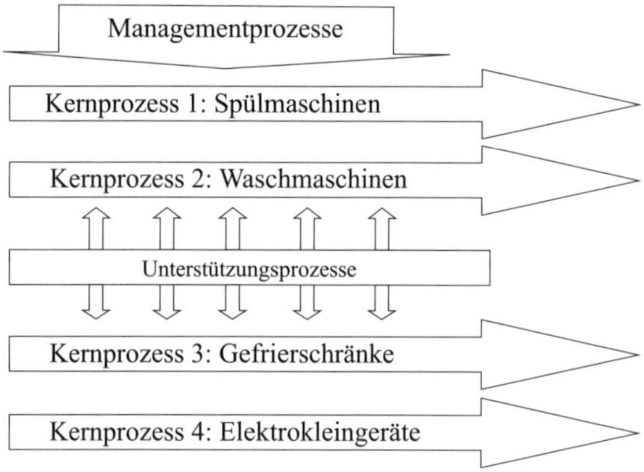

Prozessorganisation

Projektorganisation

Die Projektorganisation hat sich ebenfalls in den letzten Jahren als eigenständige Organisationsform etabliert. Insbesondere Dienstleistungsunternehmen, zum Beispiel Unternehmensberatungen, wählen sie als Grundlage. Hier bilden die Berater einen Mitarbeiterpool, aus dem je nach Bedarf des betreffenden Projekts ein Projektteam entsteht. Da Projekte von vornherein zeitlich befristet sind, handelt es sich um eine sehr offene Organisationsform. Die Mitarbeiter gehen nach Projektende wieder auseinander, um sich für die kommenden Projekte neu zu formieren. Der Projektleiter ist kein disziplinarischer Vorgesetzter, sondern lediglich für die Dauer des Projekts fachlich weisungsberechtigt. Disziplinarischer Vorgesetzter, jedoch eher in der Rolle des Coaches, ist der Bereichsleiter. Die Projektorganisation wird durch sogenannte Supportfunktionen unterstützt, zum Beispiel durch Finance and Accounting, Key-Account-Management (Vertrieb), Back-Office beziehungsweise Competence-Center (Informationsbeschaffung, Marktanalysen) oder Human Resources (Personalwesen). Projektorganisationen erfordern ein sehr hohes Maß an Eigenverantwortung und Flexibilität der Mitarbeiter, da diese einem ständigen Wandel der Arbeitsumgebung ausgesetzt sind. Feste Arbeitsstrukturen gibt es so gut wie nicht, dafür ist der Freiheitsgrad ausgesprochen hoch.

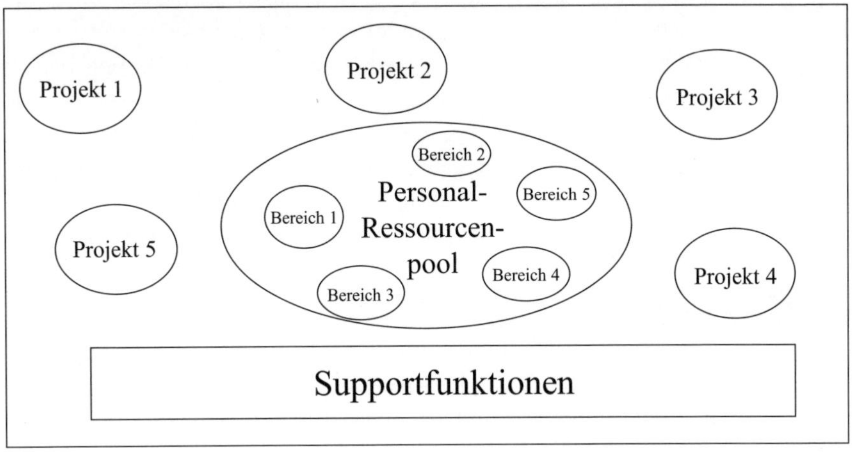

Projektorganisation

Offizielle und inoffizielle Strukturen in der Organisation

Die Ausführungen zu den Organisationsmodellen sollen lediglich eine erste Orientierung ermöglichen. Sie zeigen die Rahmenbedingungen, die die Abläufe im Unternehmen beeinflussen, jedoch abhängig von den jeweiligen Entwicklungen und Machtverhältnissen sehr unterschiedlich ausgeprägt sein können. Organigramme sind, wie bereits gesagt, nur eine Momentaufnahme. Sie werden feststellen, dass sie – kaum veröffentlicht – schon bald wieder überholt sind.

Unternehmen verändern sich ständig, je nach Größe und Flexibilität vollzieht sich dieser Wandel schneller oder langsamer. Basiswissen über Organisationen und ihre Strukturen sind jedoch wesentliche Grundlage dafür, sich dem eigentlich viel spannenderen Thema der tatsächlichen Gegebenheiten, also den inoffiziellen Verhältnissen zuwenden zu können. Sie wurden in Ihrem bisherigen Leben bestimmt schon mit dem Thema offizielle und inoffizielle Machtverhältnisse konfrontiert. Vielleicht fällt Ihnen der autoritäre Familienvater ein, der von außen betrachtet die Zügel in der Hand hält, dessen Entscheidungen aber von der Mutter, die im Hintergrund agiert, bestimmt werden. Oder Sie denken an den Bürgermeister, der die Geschicke der Stadt lenkt, jedoch von dem Wohlwollen der Gewerbebetriebe am Ort abhängig ist und ohne deren Kopfnicken nichts bewegen kann. Wer solche Strukturen erkennt, kann wesentlich leichter seine Ziele erreichen, indem er versucht, die wahren Entscheider im Hintergrund für sich und seine Ideen zu gewinnen.

Unternehmen sind wie andere Gemeinschaften soziale Gebilde, die durch eine Vielzahl von Einflussfaktoren geprägt werden. Auch hier agieren Menschen mit ihren Stärken, aber auch ihren kleinen Eitelkeiten, ihrem Geltungsbedürfnis und dem Wunsch, anerkannt und wichtig zu sein. Wer wichtig ist, das hängt oft nicht mit sachlichen oder fachlichen Dingen zusammen, sondern davon ab, wie Entscheidungsträger eine Person einschätzen oder wovon sie sich einen Vorteil versprechen. Die Zeit muss reif sein für bestimmte Vorschläge und es bedarf der richtigen Befürworter, damit eine Idee überhaupt die Chance erhält, verwirklicht zu werden.

BEISPIEL

Ich sehe noch die junge Mitarbeiterin vor mir, die sich seit Monaten für ein Thema eingesetzt und hart gearbeitet hatte, um es voranzubringen. Sie stieß nur auf Widerstand und war völlig frustriert. Schließlich bewertete ihr Chef in einer Besprechung ihren Vorschlag positiv und die vormals eisernen Gegner waren plötzlich völlig auf Kurs – alle Bedenken lösten sich in Luft auf. Die Argumente waren die gleichen wie zuvor, sie hatte sie schon mehrmals genannt, aber aus ihrem Mund fanden sie keine Beachtung. Erst ihr Chef mit der geballten Autorität seiner Macht und seiner Persönlichkeit konnte ihre Idee voranbringen.

Im Rahmen der Einarbeitung haben Sie bei Ihren Kollegen die wichtigsten Informationen dazu erfragt, was zu Ihrem Aufgabengebiet gehört und was Sie inhaltlich bearbeiten müssen. Zudem lagen Arbeitsanweisungen und Regelungen vor, die für jedermann zugänglich und allgemeingültig sind. Wenn Sie sich mit den inoffiziellen Machtverhältnissen im Unternehmen und in Ihrem Arbeitsbereich beschäftigen, wird es schon deutlich schwieriger, an die notwendigen Informationen zu kommen. Es wird Ihnen mit Sicherheit kein Handbuch überreicht, in dem Sie alles zu diesem Thema fein säuberlich nachlesen können. Die Eigeninteressen der Kollegen, unterschiedliche Einschätzungen und nicht zuletzt die fehlende Allgemeingültigkeit der entsprechenden Eindrücke führen dazu, dass Sie sich letztendlich doch Ihr eigenes Bild machen müssen. Wer im Berufsleben bestehen will, muss sich das System sehr genau ansehen, um zu erkennen, wer Einfluss hat und wie Prozesse ablaufen.

ARBEITSHILFE ONLINE

ÜBUNG 8: Verhältnisse im Unternehmen

Beobachten Sie die Entwicklungen und Entscheidungsprozesse in Ihrem Unternehmen:

- Wie kommen Entscheidungen zustande?
- Wer hat diese Entscheidungen wesentlich beeinflusst?
- Gibt es Personen, die als „Opinion Leader" die Meinungsbildung der anderen wesentlich beeinflussen?
- Welche Führungskräfte genießen nur Autorität qua Funktion oder Akzeptanz aufgrund ihrer Persönlichkeit?
- Wer lebt die Unternehmensphilosophie in seinem täglichen Handeln?
- Wer engagiert sich für das Unternehmen über sein eigentliches Arbeitsgebiet hinaus?
- Wer agiert zwar nur im Hintergrund, zieht aber dort die Fäden?
- Wer richtet sein Handeln nur auf den eigenen Vorteil aus?
- Wer intrigiert gegen andere und verkauft die Erfolge anderer als die eigenen?
- Worauf verwenden erfolgreiche Mitarbeiter ihre Zeit im Unternehmen?

Dies alles sind Fragestellungen, die Ihnen helfen werden, neben den offiziellen die inoffiziellen Strukturen und Machtverhältnisse im Unternehmen kennenzulernen und ein Gespür dafür zu entwickeln, welche Verhaltensweisen belohnt und welche bestraft werden. Insbesondere die letzte Frage kann hier aufschlussreich sein. Indem Sie erfolgreiche Menschen im Unternehmen näher beobachten und feststellen, womit sie ihre Zeit vorwiegend verbringen, erhalten Sie wichtige Informationen über das gelebte Wertesystem des Unternehmens. Wenn zum Beispiel in den Unternehmensgrundsätzen die Förderung der Mitarbeiter als zentrale Aufgabe einer Führungskraft festgeschrieben ist, in der Realität jedoch keinerlei Sanktionen folgen, wenn dem nicht nachgekommen wird, kann die Absicht dahinter wohl nicht so ernst gemeint sein.

Es erfordert ein hohes Maß an Beobachtungsfähigkeit und Fingerspitzengefühl, um hier die richtigen Eindrücke aufzunehmen und Rückschlüsse zu ziehen. In den ersten Wochen und Monaten sind Sie noch viel zu sehr mit sich selbst beschäftigt, als dass Ihnen die oftmals subtilen und zunächst unauffälligen Verhaltensweisen der anderen wichtige Hinweise geben könnten. Erst wenn Sie eine gewisse Sicherheit erlangt haben, können Sie offen dafür sein, Ihre Umwelt und das Verhalten der Menschen darin im Detail wahrzunehmen. Das Sammeln einzelner Eindrücke gleicht dem Vorgehen beim Puzzlespielen. Mit der Zeit lässt sich anhand der Einzelteile eine Struktur erkennen und die ergeben ein in sich schlüssiges Bild.

2.3 Kommunikation im Unternehmen

Kommunikation ist ein elementarer Bestandteil der menschlichen Natur. Wir sind Gemeinschaftswesen und sobald mindestens zwei Exemplare unserer Gattung zusammentreffen, findet Kommunikation statt. Dies geschieht häufig bewusst, indem gezielt durch Sprache sowie unterstreichende Gestik und Mimik etwas zum Ausdruck gebracht wird. Viel häufiger vollzieht sich Kommunikation aber unbewusst, da wir unabsichtlich Signale an unser Gegenüber senden. „Man kann nicht nicht kommunizieren" sagt der bekannte Kommunikationsforscher Paul Watzlawick. Das heißt, es kommt immer eine Botschaft an, selbst dann, wenn wir schweigen. Der Volksmund weiß das schon lange, denn er sagt: „Keine Antwort ist auch eine Antwort."

Erfahren Sie also zunächst mehr über einige ganz grundlegende Erkenntnisse aus der Welt der Kommunikation. Dieses Wissen ist notwendig, um das eigene Kommunikationsverhalten besser verstehen und steuern zu können. Denn nur auf dieser Grundlage können Sie die Beziehungsgeflechte und das Kommunikationsverhalten anderer besser einschätzen und damit Fehlreaktionen verhindern. Das Grundmodell der Kommunikation ist zunächst sehr einfach.

Grundmodell der Kommunikation

Ein Sender schickt einem Empfänger eine Nachricht. Leider ist das, was der Sender zum Ausdruck bringen will, oft nicht das, was beim Empfänger ankommt. Wir reden dann allgemein von Kommunikationsstörungen. Die Ursachen dafür sind sehr vielfältig, sie hängen zum Beispiel mit folgenden Faktoren zusammen:

- Nationalität, Kultur, Erfahrungen, zum Beispiel Asiaten und Europäer
- Bildungsstand, zum Beispiel Akademiker und angelernte Hilfskraft
- Fachsprache und Denkweise, zum Beispiel Wirtschaftswissenschaftler und Ingenieur
- Geschlecht
- Alter

Erfolgreiche Kommunikation setzt voraus, dass Sie als Sender sich mit Ihrem Empfänger beschäftigen und versuchen, eine gemeinsame Kommunikationsbasis einzurichten. Je mehr Sie über Ihren Gesprächspartner wissen, umso besser können Sie Ihre Nachricht auf ihn abstimmen. Als Akademiker werden Sie zum Beispiel wenig

Erfolg haben, einem Arbeiter in der Fertigung Ihre Nachricht zu übermitteln, wenn Sie sie als wissenschaftliche These, gespickt mit Fremdwörtern, formulieren. Einem Asiaten werden Sie beispielsweise nur dann Wertschätzung erfolgreich vermitteln, wenn Sie bei der Begrüßung die übergebene Visitenkarte Ihres Gesprächspartners in beide Hände nehmen, sie intensiv betrachten und erst dann einstecken. Wer die Karte sofort in der Hosentasche verschwinden lässt, hat schon verloren.

Die vier Ebenen einer Nachricht

Wer die Kommunikation zwischen Menschen besser verstehen will, sollte sich darüber klar werden, dass eine Nachricht nicht nur aus der reinen Sachinformation besteht. Der Kommunikationswissenschaftler Friedemann Schulz von Thun hat ein sehr praxisorientiertes Modell entwickelt, darin ordnet er jeder Nachricht vier Bedeutungsebenen zu.

- Sachebene: Worüber informiere ich?
- Selbstoffenbarungsebene: Was sage ich dabei über mich aus?
- Beziehungsebene: Was halte ich von meinem Gesprächspartner? Wie stehen wir zueinander?
- Appellebene: Wozu möchte ich meinen Gesprächspartner veranlassen? Was ist mein Ziel?

BEISPIEL

Ein Mitarbeiter kommt zu seinem Chef und sagt: Am 1.10. werde ich mein 25-jähriges Firmenjubiläum begehen.
Sachinformation: Am 1.10. werde ich 25 Jahre im Unternehmen sein.
Selbstoffenbarung: Ich bin stolz, ein so langverdienter Mitarbeiter zu sein.
Beziehung: Sie sind als mein Vorgesetzter auch im Hinblick auf das Jubiläum eine wichtige Bezugsperson, da Sie das Unternehmen repräsentieren.
Appell: Merken Sie sich das Datum in Ihrem Kalender vor und ehren Sie mich ordentlich an diesem Tag.

Die Berufswelt und auch unser privater Lebensraum sind voll von Situationen, in denen Aggressionen entstehen, weil auf einer der vier Ebenen — sehr häufig auf der Beziehungs- oder Appellebene — Erwartungen nicht erfüllt werden. Denken Sie nur einmal an den Chef, der seinem Mitarbeiter, als dieser gerade gehen will, noch schnell einen Kundenauftrag in die Hand drückt mit den Worten: „Hier kam gerade noch ein wichtiger Auftrag rein“ Hinter dieser Sachinformation des Chefs verbirgt sich ein klarer Appell: Ich bin Ihr Chef und erwarte, dass Sie diesen Auftrag heute noch bearbeiten. Nimmt der Mitarbeiter die Information nur auf der Sachebene wahr und argumentiert womöglich, dass der Auftrag einen Kunden betrifft, der vom Kollegen betreut wird, ruft dies Spannungen hervor, die nicht abschätzbare Konsequenzen für die weitere Beziehung auslösen können.

Ganz gleich, ob ein Vorgesetzter eine kleine Bitte um eine Gefälligkeit äußert oder einen großen Projektauftrag erteilt, grundsätzlich besteht die Erwartungshaltung, dass der Mitarbeiter eine Lösung findet und nicht ausführlich erklärt, warum etwas nicht funktioniert oder erledigt werden kann. Hier begehen die meisten Mitarbeiter große Fehler. Sie verfallen dem Trugschluss, dass sie ihren Chef umstimmen können, indem sie Argumente anführen, warum sie die betreffende Aufgabe nicht erledigen können. Diese Strategie ist im Allgemeinen zum Scheitern verurteilt. Sie sollten lieber die Zeit dazu nutzen, den genannten Auftrag zu präzisieren, um sicherzustellen, dass beide Seiten das gleiche Verständnis der zu erledigenden Aufgabe habe. Denn wie Sie nun schon wissen, beruhen viele Kommunikationsprobleme darauf, dass Sender und Empfänger — aus den unterschiedlichsten Gründen — etwas anderes unter der Aufgabenstellung verstehen.

Die Kunst der Kommunikation

Time is money! Das gilt ganz besonders in unserer auf Effizienz ausgerichteten, ergebnisorientierten Arbeitswelt. Stehlen Sie anderen nicht die Zeit, indem Sie sie in belanglose Gespräche verwickeln oder ein Thema bis zum Umfallen erörtern. Wer kennt sie nicht, diese endlosen Diskussionen, sei es in der Studentenvertretung, im Sportverein oder in der Familie, die sich letztendlich immer im Kreise bewegen? Erweisen sich diese Diskussionen bereits im privaten Umfeld als wenig ergiebig, sind sie in der Berufswelt geradezu tödlich. Achten Sie auf nonverbale Kommunikationssignale wie das nervöse Klopfen mit dem Fingernagel auf der Tischplatte, den etwas gelangweilten Blick in den Raum oder, noch schlimmer, den Blick auf die Uhr. Das sind ganz offensichtliche Zeichen, die Ihnen signalisieren sollten: Jetzt ist es Zeit, das Gespräch zu beenden und zu gehen.

TIPP

Noch besser ist es, bereits im Vorfeld einen Zeitrahmen festzulegen und sich dann konsequent daran zu halten. Überraschen Sie Ihren Gesprächspartner damit, dass Sie um einen Termin von 45 Minuten bitten und dann bereits nach 30 Minuten mit Ihrem Thema durch sind, weil Sie sich gut vorbereitet haben. Sie werden feststellen, dass ein solches Zeitgeschenk sehr gut ankommt.

Ich habe mir zum Beispiel angewöhnt, einen Gesprächspartner am Telefon zunächst zu fragen, ob er für meinen Anruf gerade kurz Zeit hat oder es ganz unpassend ist. So kann mir mein Gesprächspartner gegebenenfalls ohne schlechtes Gewissen einen anderen Termin für unser Gespräch vorschlagen, den er gewiss einhalten wird. Die Chance, Ihr Anliegen erfolgreich vorbringen zu können und gelöst zu bekommen, steigt deutlich, wenn sich Ihr Gesprächspartner in einer entspannten Stimmung befindet und nicht unter Druck reagieren muss.

Sie werden feststellen, dass der überwiegende Teil Ihrer Arbeitszeit durch die Kommunikation mit anderen Menschen geprägt ist, sei es beim Senden einer E-Mail, bei einem Telefonat, einer Besprechung unter vier Augen, einer Projektteamsitzung oder einem Workshop, um Arbeitsergebnisse abzustimmen. Nehmen Sie sich also Zeit dafür, die Grundregeln der Gesprächsführung zu lernen, und üben Sie diese bei jeder sich bietenden Gelegenheit. Ein geschickt geführtes Gespräch kann Sie Ihren Zielen deutlich näher bringen als so manche arbeitsintensive fachliche Ausarbeitung.

Eine erste wichtige Gesprächsregel haben Sie bereits kennengelernt: Es gibt die unterschiedlichen Ebenen der Kommunikation. Wichtig zu wissen ist noch, dass die wenigsten Menschen sich allein über die Sachebene überzeugen lassen. So wie sich rund sieben Achtel eines Eisbergs unsichtbar unter der Wasseroberfläche befinden, vollzieht sich auch die Kommunikation zum größten Teil im Verborgenen, im emotionalen Bereich. Wenn Sie auf Ihren Gesprächspartner eingehen, versuchen, das anstehende Problem aus seinem Blickwinkel zu betrachten, und ihm Lösungsmöglichkeiten anbieten, die auch seinen Interessen entgegenkommen, werden Sie weit mehr Erfolg haben, als wenn Sie einen harten Konfrontationskurs einschlagen. Dieses ausgleichende Verhalten soll zu einer „Win-win-Situation“ führen, in der beide Seiten kompromissbereit zeigen und sich gleichzeitig Vorteile sichern. Wer schon einmal bei Tarifverhandlungen dabei war, konnte dieses Spiel bis zum Perfektionismus betrieben verfolgen. Am Ende muss ein Ergebnis stehen, das für beide Vertragspartner ohne Gesichtsverlust vertretbar ist.

Regeln der Diskussionsführung

Vielleicht haben Sie in der Bewerbungsphase auch an einem Assessment-Center teilgenommen. Eine Standardübung, die dabei praktisch immer vorkommt, ist die Gruppendiskussion. Es folgt eine kurze Übersicht dazu, was Sie in Diskussionen und Besprechungen beachten sollten (diese Kriterien werden übrigens auch bei der Beurteilung der Kandidaten herangezogen):

- Machen Sie für alle Beteiligten die Ausgangssituation und die Zielsetzung der Besprechung transparent.
- Legen Sie einen Zeitrahmen fest, sofern dies nicht bereits geschehen ist.
- Strukturieren Sie die einzelnen Aspekte des Themas.
- Vermeiden Sie polemische Bemerkungen und persönliche Angriffe.
- Lassen Sie sich durch andere Teilnehmer nicht provozieren.
- Argumentieren Sie zielgruppenorientiert, das heißt, nennen Sie Argumente, die für Ihre Gesprächspartner von Bedeutung sein müssten.
- Beziehen Sie andere Diskussionsteilnehmer in das Gespräch mit ein.
- Sprechen Sie die anderen Teilnehmer möglichst mit Namen an.
- Fassen Sie Teilergebnisse zusammen, sofern nicht ein anderer Diskussionsteilnehmer dies in der Rolle des Moderators bereits getan hat.
- Führen Sie auf das eigentliche Thema zurück, falls die Diskussion aus dem Ruder läuft und abdriftet.
- Versuchen Sie Kompromisslösungen zu finden.
- Lassen Sie andere Gesprächsteilnehmer ausreden und fallen Sie ihnen nicht ins Wort.
- Hören Sie „aktiv" zu, das bedeutet, halten Sie Blickkontakt mit dem Redner und greifen Sie die Beiträge anderer Teilnehmer auf.
- Unterstreichen Sie Ihre Argumentation durch körpersprachliche Signale wie Gestik und Mimik.
- Halten Sie das Ergebnis der Diskussion/der Besprechung am Ende fest und fixieren Sie einen sich daraus ableitenden Aktionsplan mit Terminen (Wer macht was bis wann?).

Viele Unternehmen sind dazu übergegangen, standardisierte Formulare für Besprechungsprotokolle zu entwickeln. Damit soll sichergestellt werden, dass die Besprechungen konkrete Ergebnisse und Arbeitsaufträge hervorbringen. Ansonsten besteht die Gefahr, dass sich beim nächsten Mal alle wieder in der gleichen Runde treffen, sich gegenseitig ungläubig anschauen und davon ausgegangen sind, jeweils der andere würde die anstehenden Aufgaben übernehmen. Eine gute Möglichkeit, um dies zu vermeiden, sind sogenannte Online-Protokolle. Ein Mitarbeiter hält bereits während der Besprechung die wichtigsten Vereinbarungen und Absprachen samt Terminen schriftlich fest. Diese Aufzeichnungen werden mit einem Beamer direkt für alle sichtbar an die Wand projiziert. Bestehen Unstimmigkeiten, können sie direkt angesprochen und ausgeräumt werden. So liegt am Ende der Besprechung ein abgestimmtes Protokoll vor.

Klare Zielsetzungen

Wenn Sie mit anderen Menschen in Kontakt treten, sollten Sie sich im Vorfeld sehr genau überlegen, welches Ziel Sie dadurch erreichen wollen. Wenn Sie zum Beispiel eine Besprechung einberufen, empfiehlt es sich, darüber nachzudenken, wer bei der Besprechung dabei sein sollte und welche Ergebnisse Sie in welcher Zeit erwarten können. Erarbeiten Sie einen Gesprächsleitfaden zu den Themen, die Sie unbedingt abhandeln möchten. Es hat sich in der Praxis bewährt, zunächst die Inhalte zu besprechen, die voraussichtlich ohne große Meinungsverschiedenheiten verabschiedet werden können. Auf dieser Grundlage lassen sich kritische Themen wesentlich leichter diskutieren.

Haben Sie die Aufgabe, für Ihren Chef Entscheidungsgrundlagen zu recherchieren und sie auszuarbeiten, sollten Sie am Ende eine klare Empfehlung aussprechen. Viele „Zuarbeiter" unterschätzen ihre Macht und ihren Einfluss als Experten. Letztendlich liegt es an Ihnen, wie Sie durch die Darstellung und Bewertung der Argumente eine Entscheidung quasi im Vorfeld vorwegnehmen können. Führungskräfte haben weder die Zeit noch das Interesse, sich Detailwissen anzueignen, um sich mit allen Aspekten eines Themas vertraut zu machen. Sie müssen sich ganz einfach auf ihre Experten verlassen und deren Wissen und Einschätzung der Situation als Basis einer Entscheidung nehmen. Dies bedeutet, dass bereits Sie zu einer Schlussfolgerung gekommen sein müssen, denn Ihr Chef wird Sie mit Sicherheit fragen, wie Sie nach Abwägen aller Argumente entscheiden würden. Ihre Aufgabe besteht darin, das Ergebnis durch eine in sich logische Argumentationskette auch für andere nachvollziehbar zu machen. Wenn Sie Ihren Chef von einer Idee überzeugen können, stehen die Chancen gut, dass er seinerseits andere dafür gewinnen kann. Ist er mit Ihrer Ausarbeitung erfolgreich, ist das auch für Sie vorteilhaft, da Sie sich so ein positives Image erarbeiten.

Hol- und Bringschuld

Wissen ist Macht, diese Erkenntnis gilt nicht erst in unserem Zeitalter. Doch in der heutigen Informationsgesellschaft wird die Bedeutung frühzeitiger und umfassender Information immer größer. Es geht darum, wichtige Indikatoren und Tendenzen wahrzunehmen, um das eigene Handeln daran ausrichten zu können.

War es früher eine zentrale Aufgabe des Vorgesetzten, seine Mitarbeiter mit Informationen zu versorgen, die das Arbeitsgebiet oder das Gesamtunternehmen betreffen, wird diese Funktion heute vorwiegend von der Informationstechnologie übernommen. Intranet, E-Mails oder Business-TV machen es möglich, dass Mitarbeiter, die über den ganzen Globus verstreut arbeiten, zeitgleich Informationen erhalten. Workflow-Lösungen, bei denen die Prozessdaten zentral verfügbar sind, zum Beispiel in einer Cloud, und jeder Mitarbeiter seinen Beitrag dem Gesamtsystem zur Verfügung stellt, verschaffen Transparenz. Doch sie führen auch zu einer Komplexität des Datenmaterials, die es immer schwerer macht, den Überblick zu behalten und Wichtiges von Unwichtigem zu unterscheiden. Die modernen Technologien, die in diesem Bereich eingesetzt werden, sorgen dafür, dass der einzelne Mitarbeiter mehr Verantwortung übernehmen und sich die benötigten Informationen selbst aus dem Gesamtsystem beschaffen muss. Aus der Bringschuld wird zunehmend eine Holschuld. Das „Data Warehouse" hält zwar alle Informationen bereit, doch gefragt ist die Fähigkeit, aus der Fülle der Daten diejenigen herauszufiltern, die für den eigenen Arbeitsbereich relevant sind.

Stand früher das persönliche Gespräch zwischen Menschen vorrangig unter dem Zeichen, Sachinformationen auszutauschen und sich gegenseitig über Fakten zu informieren, tritt dieser Aspekt immer mehr in den Hintergrund. Technische Systeme sind hier wesentlich leistungsfähiger und schneller. Dies bedeutet jedoch nicht, dass die direkte Kommunikation zwischen Menschen unwichtiger geworden ist. Ganz im Gegenteil: Sie gewinnt nur eine andere Qualität und Bedeutung. Vor allem sollte die persönliche Kommunikation zwischen Menschen genutzt werden, um sich über Einschätzungen, Meinungen und Bewertungen der vorhandenen Informationen auszutauschen, da erfahrungsgemäß das Arbeitsergebnis einer Gruppe von Menschen besser ist als das eines Einzelnen. Gehen Sie daher auf Ihren Vorgesetzten und Ihre Kollegen aktiv zu und bitten Sie sie um ihre Meinung. Fordern Sie Feedback zu Ihrem eigenen Verhalten und Ihrer geplanten Vorgehensweise ein, seien Sie aber auch bereit, anderen Feedback zu geben. Durch die immer stärkere räumliche Trennung von Kollegen, sei es durch den Einsatz in Projekten beim Kunden vor Ort oder den Trend hin zu Home-Offices, reduzieren sich die Gelegenheiten zum persönlichen Gespräch. Damit wird es auch schwieriger, gerade als neuer Mitarbeiter, die Eigenheiten, Vorlieben und Vorstellungen des Chefs oder der Kollegen kennenzulernen.

Vor allem wenn Sie häufig auswärts tätig sind, besteht für Sie geradezu die Verpflichtung, regelmäßig das Gespräch mit Ihrem Chef oder den Kollegen im Office zu suchen und Ihre Einschätzungen, die Sie zum Beispiel am Markt oder beim Kunden gewonnen haben, mit anderen zu teilen. Inzwischen sind viele Beratungsunternehmen dazu übergegangen, ihre Mitarbeiter nur vier Tage in der Woche vor Ort beim Kunden einzusetzen und den fünften Tag zum Office-Tag zu erklären, um die persönlichen Kontakte zu stärken. Das reine Zahlenmaterial kann auch in Form einer Excel-Datei übermittelt werden. Eindrücke aus Gesprächen mit dem Kunden hingegen, insbesondere in Bezug darauf, was zum Beispiel nur unterschwellig wahrnehmbar war, lassen sich wesentlich besser im persönlichen Gespräch weitergeben. Insofern besteht von Ihrer Seite eine klare Bringschuld, quasi eine Dienstleistungsverpflichtung, Ihr Wissen und Ihre Einschätzungen zu kommunizieren und mit anderen zu teilen.

2.4 Soziale Kompetenz

Ihnen ist sicherlich durch die bisherige Lektüre des Buches klar geworden, welch hohen Stellenwert der persönliche Kontakt zu den Menschen in Ihrem Arbeitsumfeld hat. Auf die Dauer wird es wohl jedem noch so hart gesottenen Menschen an die Nieren gehen, wenn er sich in seinem beruflichen Umfeld nicht wohlfühlt und nicht in die Gemeinschaft integriert ist. Denn eines steht fest: Sie können ein noch so brillanter Experte sein, das alleine reicht nicht aus, um die volle Leistungsfähigkeit zu entwickeln und die vorhandenen Möglichkeiten auszuschöpfen. Ein wesentlicher Erfolgsfaktor liegt darin, dass es Ihnen gelingt, andere für Ihre Ideen zu begeistern sowie die Akzeptanz und Anerkennung in Ihrem beruflichen Umfeld zu gewinnen. Der Schlüsselbegriff heißt hier „soziale Kompetenz“. Zugegebenermaßen wird er häufig als Schlagwort gebraucht, lassen Sie uns also ein wenig genauer hinsehen, um zu verstehen, welche Facetten er in sich trägt.

Soziale Kompetenz umfasst das gesamte Feld der Beziehungen des Einzelnen zu anderen Menschen. Dies kann sowohl bilaterale Kontakte betreffen, also den Umgang mit einzelnen Menschen, als auch das Verhalten innerhalb einer Gruppe von Menschen. Dabei spielen unter anderem die folgenden Eigenschaften eine Rolle:

- Kontaktfähigkeit
- Einfühlungsvermögen
- Teamfähigkeit
- Kompromissbereitschaft
- Kritikfähigkeit
- Durchsetzungsvermögen
- Positive Ausstrahlung

Die soziale Kompetenz ergibt sich als Summe aus einer Vielzahl von Einzelmerkmalen, die sich als Anlage in jedem Menschen befinden, jedoch sehr unterschiedlich ausgeprägt sind. Schon anhand der kurzen Liste können Sie erkennen, dass die einzelnen Faktoren, die in ihrer Gesamtheit die soziale Kompetenz ausmachen, durchaus in Konkurrenz zueinander stehen können, zum Beispiel Durchsetzungsvermögen einerseits und Kompromissbereitschaft andererseits. Und es geht in jedem Fall nicht darum, Everybody‘s Darling sein zu wollen, wie oft fälschlicherweise angenommen wird.

Kontaktfähigkeit

Nutzen Sie insbesondere direkte Kontakte mit Menschen, um persönliche Beziehungen und Vertrauen aufzubauen. Indem Sie auf andere zugehen, sich für deren Aufgaben und Probleme interessieren, zeigen Sie, dass Ihnen der Kontakt wichtig ist. Ein offenes Ohr zu haben und nicht immer darauf zu warten, dass der andere den ersten Schritt tut, sind ebenfalls Merkmale, die sich unter dem Begriff „Kontaktfähigkeit" zusammenfassen lassen. Diese Eigenschaft spielt vor allem beim Aufbau von Kundenbeziehungen eine entscheidende Rolle. Wem es schwerfällt, auf andere Menschen aktiv zuzugehen, wird im Vertrieb wohl nie eine große Karriere vor sich haben.

Einfühlungsvermögen

Einfühlungsvermögen, oft auch Fingerspitzengefühl genannt, ist die Fähigkeit, sich in einen anderen Menschen und dessen Situation hineinzuversetzen. Es heißt, die Frauen seien hier im Vorteil. Das hat sicherlich damit zu tun, dass in den alten Rollenzuweisungen die Frauen diejenigen zu sein hatten, die sich auf den Partner einstellen, und die für Gefühle und Fürsorge in der Familie zuständig waren. Einfühlungsvermögen hat aber auch im Berufsleben Gewicht, denn nur wer die Bedürfnisse und Beweggründe seines Gesprächspartners kennt und nachempfinden kann, ist in der Lage, situationsgerecht zu reagieren.

Hier liegt meines Erachtens der Schlüssel, wie sich Beziehungen zwischen Mitarbeitern und Vorgesetzten sowie zwischen Lieferanten und Kunden erfolgreich gestalten lassen. Auch ein Vorgesetzter oder ein Kunde ist bestimmten Sachzwängen unterworfen, steht unter Druck und muss Ergebnisse vorweisen. Indem Sie sich das klar machen und sich entsprechend verhalten – also aus seinem Blickwinkel die Situation betrachten und ihn darin unterstützen, erfolgreich zu sein –, werden auch Sie Erfolge für sich verbuchen können. Dazu bedarf es der Bereitschaft, sich zunächst selbst in die zweite Reihe zu stellen und die eigenen Interessen beiseite zu lassen. Haben Sie nicht auch schon erlebt, dass Sie jemandem etwas erzählten und Ihr Gegenüber fing sofort mit einer eigenen Geschichte an, wie es ihm in einer ähnlichen Situation ergangen ist? Wir beschäftigen uns in der Regel viel zu sehr mit uns selbst, unsere Gedanken drehen sich um uns und unseren Blick auf die Dinge.

Einfühlungsvermögen geht genau in die andere Richtung. Wir beschäftigen uns bewusst mit anderen Menschen, deren Sichtweisen und Emotionen. Gefühle wahrzunehmen und zu zeigen war für einen Manager früher eher verpönt. Heute gilt dies als eine wichtige Managerqualifikation, was sich auch in der Literatur widerspiegelt, zum Beispiel in Daniel Golemans Klassiker „Emotionale Intelligenz".

Teamfähigkeit

Teamfähigkeit als Anforderung ist heute aus nahezu keiner Stellenanzeige mehr wegzudenken. Unsere Arbeitsstrukturen sind so komplex und umfangreich, dass der Einzelne sie nicht mehr losgelöst bearbeiten kann. Die Bereitschaft, das eigene Wissen und Können in ein Gesamtsystem einzubringen, um eine Aufgabe erfolgreich zu bewältigen, stellt eine Muss-Voraussetzung an zukünftige Mitarbeiter dar. Als teamfähig gilt, wer das Ganze und nicht nur seinen eigenen Beitrag sieht, für den Hilfsbereitschaft selbstverständlich ist. Denn nur wer andere unterstützt, wird auch Hilfe bei der Bewältigung seiner Teilaufgabe erwarten können. Und am Ende zählt das Gesamtergebnis.

Nutzen Sie die Zusammenarbeit mit anderen Menschen dazu, eine persönliche Beziehung und Vertrauen aufzubauen. In unserer arbeitsteiligen Berufswelt können Sie nur erfolgreich sein, wenn Sie sich auf die anderen Mitglieder des Teams verlassen können. Der einsame Krieger kommt mehr und mehr aus der Mode. Gefragt ist der Teamplayer, der zwar eigenständig eine Teilaufgabe lösen kann, sich aber dennoch als Teil der Gemeinschaft sieht.

Teamgeist darf aber nicht mit Selbstaufgabe verwechselt werden. Wer ständig seine eigenen Interessen und Aufgaben hintanstellt und seine Belange nicht adäquat vertritt, läuft schnell Gefahr, nicht als vollwertiges Teammitglied wahrgenommen zu werden. Wie hat eine meiner Teilnehmerinnen eines Bewerbungscoachings so treffend in ihrem Bewerbungsprofil geschrieben? „Ich bin teamfähig, weil ich eigenständig denke.“ Sie werden nur dann Ihrer Verantwortung als Teammitglied voll gerecht, wenn Sie Ihren Bereich kompetent vertreten und Ihre Ideen auch einbringen. Wer nur Mitläufer ist und sein Fähnchen in den Wind hängt, den kann man nicht als echte Verstärkung eines Teams betrachten.

Kompromissbereitschaft versus Durchsetzungsvermögen

Partnerschaften bestehen aus Geben und Nehmen. Das ist Ihnen sicherlich im privaten Bereich schon deutlich bewusst geworden. Wer nur mit dem Kopf durch die Wand will und nicht bereit ist, auch die Belange des anderen zu akzeptieren und ihnen Rechnung zu tragen, wird keine dauerhafte Beziehung aufbauen können. Auch im Berufsleben ist Kompromissbereitschaft gefordert. Sie steht im direkten Gegensatz zum Durchsetzungsvermögen, das sich darauf richtet, die eigenen Ziele und Wünsche umzusetzen, auch wenn dies mit Konflikten verbunden ist. Wie so oft gilt es auch hier, den goldenen Mittelweg zu finden. Dieser gerät bisweilen zur Gratwanderung, die viel Fingerspitzengefühl verlangt, um in der jeweiligen Situation das richtige, sprich situationsgerechte Verhalten an den Tag zu legen.

Oft lässt sich beobachten, dass Menschen unter allen Umständen ihre Vorstellungen durchsetzen wollen. Und das nicht etwa, weil sie so davon überzeugt sind, sondern aus der Angst heraus, dass Kompromissbereitschaft die eigene Position und das Ansehen schwächen. Ich betrachte Kompromissbereitschaft dagegen als Zeichen der Stärke, als bewussten Versuch, für beide Seiten einen gangbaren Weg zu finden, der die Zusammenarbeit auch in Zukunft ermöglicht. Ihr Handeln sollte auf eine langfristige, vertrauensvolle, partnerschaftliche Beziehung ausgerichtet sein. Nur so lassen sich mittelfristig gemeinsame Erfolge erzielen.

Gute Verhandlungsführer sind diejenigen, denen es gelingt, auf Nebenkriegsschauplätzen der anderen Seite Zugeständnisse einzuräumen und in den für sie elementaren Punkten ihre Interessen durchzusetzen. Voraussetzung für solche Erfolge ist, dass Sie sich über Ihre wichtigsten Ziele, die Sie erreichen möchten, im Klaren sind. Erstellen Sie eine Prioritätenliste und zeigen Sie sich dort kompromissbereit, wo es Ihnen am wenigsten wehtut, Abstriche zu machen. Konzentrieren Sie sich auf die Punkte, die ganz oben auf Ihrer Prioritätenliste stehen und versuchen Sie, diese erst am Ende zu verhandeln.

ARBEITSHILFE ONLINE

ÜBUNG 9: Prioritätenliste für Verhandlungen

Erstellen Sie für eine anstehende Verhandlung vorab eine Prioritätenliste bezüglich Ihrer Interessen und Ziele. Sie kann Ihnen als Grundlage für Ihre Verhandlungsführung dienen.

Kritikfähigkeit

Kritikfähigkeit ist einer der heikelsten Faktoren, wenn es um soziale Kompetenz geht. Natürlich hört jeder lieber Komplimente als Kritik. Wir Menschen suchen Anerkennung und Bestätigung, dass das, was wir tun, gut ist. Lob steigert unser Selbstwertgefühl und lässt uns innerlich wachsen. Und dann kommt der Moment, in dem wir keine Anerkennung erhalten, uns völlig alleine und bloßgestellt vorkommen, so als ob die ganze Welt sich nur über uns lustig macht. Wenn erstmals im beruflichen Leben Kritik am eigenen Verhalten aufkommt, ist das eine schmerzliche Erfahrung – die uns aber zeigt, dass wir weiter dazulernen müssen, und Chancen eröffnet, sich zu verbessern. Auf die Frage: „Sind Sie kritikfähig?" erhalte ich in Einstellinterviews häufig die Antwort: „Ja, solange die Kritik sachlich und konstruktiv ist". In der Realität zeigt sich dann leider häufig, dass dies nicht zutrifft, selbst wenn die genannten Bedingungen erfüllt sind. Kritik wird letztendlich nicht im Kopf, sondern im Bauch wahrgenommen und die Begriffe „sachlich" und „konstruktiv" verstehen Sender und Empfänger meist sehr unterschiedlich.

Wenn Sie kritisiert werden, versuchen Sie nicht, sich zu rechtfertigen. Bleiben Sie ruhig und bedanken Sie sich für die Kritik, sofern es sich nicht um reine Polemik oder persönliche Angriffe handelt. Ein Dank mag Ihnen zunächst schwer über die Lippen kommen, Fakt ist jedoch, dass Sie nur durch Kritik lernen können, nicht durch Schmeicheleien. Wer bereit ist, Ihre Schwächen offen anzusprechen, meint es in der Regel gut mit Ihnen.

Nehmen Sie den Inhalt der Kritik auf und überlegen Sie sich in Ruhe, wie es dazu kam, dass man mit Ihrem Verhalten nicht zufrieden war. Spielen Sie Handlungsalternativen durch und akzeptieren Sie Fehler, die Sie gemacht haben. Nobody is perfect. Erfolgreiche Menschen haben die Fähigkeit, aus Fehlern zu lernen und diese nicht zu wiederholen. Ermutigen Sie Ihren Chef, Ihnen ganz offen ein Feedback zu Ihrem Verhalten zu geben. Wenn Sie frühzeitig lernen, mit Kritik richtig umzugehen, werden Sie davon Ihr gesamtes weiteres Berufsleben profitieren.

Noch ein Wort zum Kritisieren. Spätestens dann, wenn Sie zum ersten Mal Mitarbeiterverantwortung übernehmen, werden Sie feststellen, wie schwierig es ist, Kritik zu äußern. Viele Vorgesetzte haben es ihr Leben lang nicht gelernt, sodass sie zum Beispiel in Beurteilungen um den heißen Brei herumreden oder „heikle" Gespräche ganz vermeiden. Das hat durchaus mit mangelnder Zivilcourage zu tun, manche nennen es auch Feigheit. Letztendlich steckt die Angst dahinter, einen Konflikt austragen zu müssen. Die Kunst des Kritikübens besteht darin, dem anderen dabei das Gefühl zu vermitteln, dass man ihm mit der Kritik helfen will. Und damit sind wir wieder beim Thema soziale Kompetenz.

Positive Ausstrahlung

Sie werden sich vielleicht fragen, was eine positive Ausstrahlung mit sozialer Kompetenz zu tun hat; vor allem, weil Ausstrahlung ein recht schwer zu fassender Begriff ist. Dennoch muss er im Zusammenhang mit sozialer Kompetenz erwähnt werden. Die positive Ausstrahlung eines Menschen ist mehr als die Summe aus Eigenschaften wie Souveränität, Freundlichkeit und Offenheit. Wer eine positive Ausstrahlung besitzt, sendet Signale an seine Umwelt aus: ein Lächeln, einen freundlichen Blick, eine kleine Geste, die jemandem sagt: „Komm, wir kriegen das schon in den Griff".

HINWEIS

Ist Ihnen die Wirkung der Wunderwaffe Lächeln wirklich bewusst? Wer lächelt, statt zu toben, ist immer der Stärkere. Ein Lächeln kann Berge versetzen und Brücken bauen — diese Sätze sollten Sie sich immer wieder vor Augen führen, vielleicht schreiben Sie sie auf und hängen den Zettel sogar in Ihrem Büro auf. Machen Sie einen Versuch: Gehen Sie durch die Stadt und lächeln Sie einfach mal Menschen an, die Ihnen dort begegnen. Oder im Wartezimmer beim Arzt, im Zug, in der Warteschlange vor der Kasse beim Einkaufen — lächeln Sie einfach freundlich. Sie werden feststellen, dass sich keiner auf den Arm genommen fühlt. Viele werden zurücklächeln oder es einfach genießen, in all dem Trubel und der Hektik ein freundliches Gesicht zu sehen.

Die Situation aus dem privaten Bereich lässt sich auch auf die Berufswelt übertragen: die Sekretärin, die von allen immer nur gedrängt wird, endlich für einen Termin beim Chef zu sorgen, oder der Mitarbeiter am Helpdesk, der immer nur kritisiert wird, wenn die Computer wieder mal ausfallen. Sie wie alle anderen sind dankbar für ein freundliches Wort, eine nette Geste oder ganz einfach ein Dankeschön, wenn etwas gut geklappt hat.

Wir alle sind doch so empfänglich für positive Zeichen. Wir genießen es, wenn uns jemand das Gefühl gibt, dass er sich freut, mit uns zusammen zu sein. Eine positive Arbeitsatmosphäre hat viel damit zu tun, ob wir uns wohlfühlen und den anderen dies auch zeigen. Arbeiten Sie nicht auch mit einem fröhlichen Menschen lieber zusammen als mit einem Griesgram, dem man nichts recht machen kann? Positive Ausstrahlung ist eng verbunden mit einer positiven Lebenseinstellung. Wenn Sie sie in sich tragen und nach außen bringen können, werden Sie merken, dass Menschen auch eher auf Sie freundlich zugehen. Eine positive Ausstrahlung erleichtert den Umgang mit anderen Menschen. Sie hilft Ihnen, soziale Kompetenz in Ihrem täglichen Handeln umzusetzen.

ARBEITSHILFE ONLINE

ÜBUNG 10: Die positive Ausstrahlung stärken

Achten Sie bewusst auf Ihre positive Ausstrahlung. Lächeln Sie andere an, machen Sie Mut oder geben Sie positives Feedback, wenn sich die Gelegenheit dazu bietet. Halten Sie diese bewussten positiven Signale in Ihrem Logbuch fest.

Die vorangegangenen Erläuterungen und Beispiele haben Ihnen hoffentlich vermitteln können, wie soziale Kompetenz zu verstehen und einzuordnen ist. Soziale Kompetenz stellt ein Qualifikationsmerkmal dar, das von Unternehmen immer höher bewertet wird. Ich habe noch die Worte des Personalleiters eines großen

IT-Unternehmens im Ohr, der mir wörtlich sagte: „Das bisschen Fachwissen bringen wir unseren Neueinsteigern auch noch bei, entscheidend ist für uns die Persönlichkeit, insbesondere die soziale Kompetenz."

2.5 Vom persönlichen Umgang miteinander

In diesem Kapitel möchte ich noch ein paar Themen ansprechen, die wichtig genug sind, um einzeln erwähnt zu werden. Der persönliche Umgang miteinander wird sicherlich in erster Linie durch das Verhalten des Einzelnen bestimmt. Ein Unternehmen kann jedoch durch seine Unternehmensphilosophie, Anreizsysteme sowie Sanktionen sehr wohl bestimmte Verhaltensweisen fördern oder eben auch einschränken. Für Sie als Berufsstarter ist es zunächst schwierig, ein Gefühl dafür zu entwickeln, ob ein bestimmtes Verhalten in der Berufswelt üblich ist oder ganz speziell nur in Ihrem Unternehmen. So bleibt Ihnen zunächst nur die Möglichkeit, sich mit Freunden und Bekannten, die in anderen Unternehmen arbeiten, über Ihre Eindrücke auszutauschen. Mit wachsender Berufserfahrung werden Sie dann selbst kritische Situationen besser einschätzen können.

„Sie" oder „Du"

Die Frage, ob sich die Mitarbeiter in einem Unternehmen duzen sollten, ist zumindest für die Amerikaner kein Thema. Die Sprache macht es ihnen dabei leicht. Während bei uns der feine Unterschied zwischen Sie und Du besteht, nimmt das englische Wort „you" Vorgesetzten und Mitarbeitern diese Entscheidung ab. Allerdings gibt es im Englischen viele andere sprachliche Nuancen, zum Beispiel die Anrede mit Vor- oder mit Nachnamen, was ebenfalls auf eine Unterscheidung zwischen der persönlichen Du- und der formelleren Sie-Anrede hinausläuft.

In deutschen Unternehmen wird in der Regel das formelle Sie als Anrede benutzt. Einige Unternehmen, insbesondere wenn sie eine amerikanische Mutter haben oder es sich um sehr junge Teams handelt, gehen aber dazu über, auch in ihren deutschen Tochterfirmen das Duzen hoffähig zu machen mit dem Ziel, das Gruppengefühl zu stärken und Distanz abzubauen. Indem der Mitarbeiter seinen Vorgesetzten duzen und mit dem Vornamen ansprechen kann, soll die Identifikation mit dem gemeinsamen Ziel erhöht werden. Mitarbeiter und Vorgesetzte sollen gleichwertige Partner sein, die jeweils ihren Teil zur Erreichung des gemeinsamen Ziels beitragen. Dieses gezielt eingesetzte Duzen muss jedoch Teil der Unternehmensphilosophie sein. Es würde nicht sehr überzeugend wirken, wenn ein Mitarbeiter zwar seinen Chef duzt, ansonsten aber keinerlei Zeichen von Kooperation beim Vorgesetzten zu spüren sind.

Wer neu in ein Unternehmen kommt, sollte sich an die allgemein praktizierte Anredeform anpassen. Gegenüber Vorgesetzten und älteren Kollegen empfiehlt es sich nicht, die Initiative zu ergreifen und das Du anzubieten. Vielmehr ist es Sache des Chefs oder der Kollegen, diesen Schritt zu tun, dies kann auch eine Geste der Akzeptanz sein. Sollte in Ihrem Unternehmen das Sie üblich sein, so muss damit nicht automatisch ein autoritärer Führungsstil einhergehen. Eine gewisse Distanz, die das Sie in der Anrede ausdrückt, ermöglicht es oftmals, ein Problem sachlich und mit weniger Emotionen anzugehen.

Sie sehen, es ist schwierig, einer der beiden Anredeformen klar den Vorzug zu geben. Teilweise wird in den Unternehmen auch eine Mischform praktiziert, bei der man sich zwar mit Vornamen, jedoch mit „Sie“ anspricht. Der Anrede sollte nicht allzu viel Bedeutung beigemessen werden. In Unternehmen mit überwiegend junger Belegschaft wird dieses Thema sicherlich anders behandelt als in gewachsenen Strukturen mit überwiegend älteren Mitarbeitern. Wichtig ist, wie gut Sie mit Ihren Kollegen und Vorgesetzten zusammenarbeiten können, nicht, wie Sie sie anreden.

Fair Play

Je enger Menschen zusammenarbeiten, desto intensiver sind die Meinungen und Gefühle, die dem anderen entgegengebracht werden. Dem liegen die gleichen Prinzipien zugrunde wie den Beziehungen im privaten Umfeld: Je näher man sich kommt, umso mehr Berührungs- und Reibungspunkte zeigen sich. In der Berufswelt kommt als erschwerender Faktor der Konkurrenzkampf hinzu. Das Streben nach mehr Verantwortung und nach dem schnellen Aufstieg auf der in traditionellen Strukturen so wichtigen Karriereleiter bringt es oft mit sich, dass Kollegen unfair behandelt werden – und sicher sind schon viele Freundschaften an einer solchen Rivalität zerbrochen. Und viele Führungskräfte nutzen das Konkurrenzdenken ihrer Mitarbeiter ganz gezielt, um ihre Leistungsanforderungen durchzusetzen.

Ein gesunder, sportlicher Wettkampf ist sicherlich in Ordnung und kann auch zusätzliche Leistungspotenziale freisetzen. Leider artet diese Rivalität bisweilen aus, sodass Mitarbeiter sich gegenseitig unfair behandeln. Sie legen anderen Steine in den Weg oder ziehen hinter deren Rücken über sie her. Sicherlich gibt es Ellenbogenmenschen, die mit ihrer Rücksichtslosigkeit Erfolge erzielen. Es ist eine Frage der persönlichen Haltung und Werte, wie viel Bereitschaft besteht, unfaire Mittel zu nutzen nach dem Motto: Der Zweck heiligt die Mittel.

Versuchen Sie besser, durch Leistung und faires Verhalten auf sich aufmerksam zu machen. Fachliche Meinungsverschiedenheiten sollten sachlich geführt werden und der andere sollte die Chance haben, ohne Gesichtsverlust seine Position aufzugeben. Seien Sie sich bewusst, dass sich Menschen Demütigungen und unfaires Verhalten sehr genau merken. Vielleicht kommt der Moment, in dem Sie für Ihre Fehler in der Vergangenheit bezahlen müssen.

Zollen Sie Ihren Kollegen Anerkennung, wenn ihnen etwas gut gelungen ist. Ein ehrlich gemeintes Kompliment weckt Sympathien und erhöht die Bereitschaft, dass man auch Ihnen den Erfolg gönnt, wenn Sie gute Arbeit geleistet haben. Fragen Sie Ihre Kollegen nach deren Meinung, vermitteln Sie das Gefühl, dass es Ihnen wichtig ist, was sie denken. Ein fairer Umgang miteinander verbessert nicht nur das Teamergebnis, sondern erhöht auch den Spaß bei der Arbeit — ein wichtiger Faktor für die persönliche Zufriedenheit.

Im Zusammenhang mit Fair Play soll auch das in den letzten Jahren immer häufiger benannte Thema Mobbing am Arbeitsplatz angesprochen werden. Hierbei handelt es sich um bewusste und ständig wiederkehrende verbale und nonverbale Angriffe gegenüber einem Kollegen oder Mitarbeiter mit dem Ziel, diesen systematisch auszugrenzen. Nicht jeder Streit zwischen Kollegen ist gleich Mobbing, dieser Begriff wird häufig leichtfertig benutzt. Wenn sich jedoch alle Angriffe dauerhaft auf eine Person richten, ist Achtsamkeit geboten. Wer sich wie ein Mobbingopfer fühlt, sollte sich auf jeden Fall Rat und Hilfe suchen. In größeren Unternehmen stehen hierfür Ansprechpartner zur Verfügung. Auch das Gespräch mit einem externen Berater kann helfen, die Situation richtig einzuschätzen, um gegebenenfalls die notwendigen Schritte einzuleiten. Versucht jemand gar, Sie in das Mobbing gegenüber einer anderen Person hineinzuziehen, sollten Sie sich sehr deutlich davon distanzieren.

Beziehungskiste im Büro

Wenn Sie mit einem Menschen acht Stunden am Tag und fünf Tage die Woche über Monate und Jahre zusammenarbeiten, bleiben die Gespräche meist nicht bei rein fachlichen Themen stehen. Man empfindet Sympathie, entdeckt gemeinsame Interessen und es kann passieren, dass man sich verliebt. Tatsache ist, dass viele Partnerschaften und Ehen am Arbeitsplatz begonnen haben. Dies verwundert auch nicht sehr, gibt es doch wenige Orte, an denen man sich so lange aufhält und so eng mit anderen Menschen in Kontakt kommt wie im Job.

In der Zeit des Berufseinstiegs, die so viele Veränderungen mit sich bringt, kommt es recht häufig vor, dass auch im privaten Bereich neue Wege eingeschlagen werden. Die alte Beziehung wird schwieriger, man fühlt sich vom bisherigen Partner nicht mehr so verstanden, weil er sich in einem ganz anderen Umfeld bewegt und offensichtlich anders denkt. Hinzu kommen manchmal noch räumliche Distanzen wegen Geschäftsreisen, so entwickelt sich leicht ein Gefühl der Leere. Und dann tritt plötzlich ein neuer Mensch in das Leben, jemand, der sich entweder in der gleichen Situation befindet – auch er muss sich erst an das neue Umfeld gewöhnen – oder der bereits erste Erfahrungen gesammelt hat und sich in der Arbeitswelt souverän bewegt. Jemand, der versteht, welche Sorgen einen bedrücken, der die Menschen kennt, über die man sich ärgert, und sogar gute Tipps hat, die in der Praxis funktionieren. Warum sollte man hier seine Gefühle bremsen und sich nicht auf das Abenteuer einer neuen Beziehung einlassen?

Wenn zwei Menschen eine private Partnerschaft aufbauen wollen und gleichzeitig im gleichen Unternehmen arbeiten, handelt es sich um eine ganz spezielle Situation. Diese Konstellation birgt einige Gefahren in sich. Je enger Sie mit Ihrem Partner zusammenarbeiten, umso schwieriger ist es, Geschäftliches und Privates zu trennen. Vertrauliche Informationen sind bei Ihnen schlechter aufgehoben als bei einem Dritten, der ohne emotionale Bindung Sachverhalte aufnehmen und beurteilen kann. Die Gefahr, in Gewissenskonflikte zu geraten, ist äußerst groß. Aus diesem Grund wird es von Firmenseite in der Regel nicht gerne gesehen, wenn das Privatleben in den Arbeitsalltag hineinspielt. Noch schwieriger gestaltet sich das Ganze, wenn die Partner auf verschiedenen Hierarchieebenen stehen oder es sich um ein direktes Vorgesetzten-Mitarbeiter-Verhältnis handelt.

Die Umwelt reagiert auf solche Beziehungen ausgesprochen sensibel. Auch wer nach bestem Wissen und Gewissen versucht, nach wie vor gerecht zu sein, wird Bemerkungen wie: „Naja, wen wundert's, dass schon wieder Frau xy zum Seminar darf, man muss eben nicht nur im Büro vollen Einsatz bringen" ertragen müssen.

Ihnen sollte bewusst sein, dass Sie Kollegen und Vorgesetzten eine zusätzliche Angriffsfläche bieten, wenn Sie eine Beziehung mit jemandem aus Ihrer Abteilung oder dem Unternehmen führen wollen. Selbst wenn Sie und Ihre Partnerin oder Ihr Partner nicht in der Mittagspause händchenhaltend in trauter Zweisamkeit über das Werksgelände spazieren, so müssen Sie doch mit Anspielungen rechnen. Denken Sie auch an die Folgen, wenn es privat zu Streit oder gar zu einer Trennung kommt.

Fühlen Sie sich stark genug, um Arbeit und Privates zu trennen? In vielen Fällen gelingt dies leider nicht und meist bleibt nur der Ausweg, die Arbeitsstelle zu wechseln. Sollten Sie beabsichtigen, eine dauerhafte Beziehung aufzubauen, empfiehlt es sich, diese Probleme klar zu erkennen und gegebenenfalls die interne Versetzung eines Partners anzustreben oder einer von beiden sucht sich eine neue Stelle.

HINWEIS

Ein Wort zu Firmenfeiern: Der berufliche Rahmen ist nicht wirklich geeignet für heiße Flirts oder One-Night-Stands. Seien Sie sich darüber im Klaren, dass Sie am nächsten Morgen wieder zur Arbeit antreten müssen und dabei auf die Menschen vom Vorabend treffen. Vermeiden Sie es, sich unter Alkoholeinfluss zu Sprüchen oder Handlungen hinreißen zu lassen, die Ihnen am nächsten Tag peinlich sind. Feiern ja, aber so, dass Sie noch die Kontrolle über sich haben und wissen, wo Grenzen sind und wann es Zeit ist zu gehen.

2.6 Führen und geführt werden

Die Führungsgrundsätze bilden den Wertemaßstab für das Führungsverhalten der Vorgesetzten. Der Führungsstil jeder einzelnen Führungskraft sollte sich an diesen Grundsätzen orientieren. Ich schreibe hier bewusst im Konjunktiv, da sich in der Praxis deutliche Abweichungen vom Idealbild ergeben können. Auch Führungskräfte sind Individuen, jede ist eine eigene Persönlichkeit, die sich über Jahre nach ihrer Veranlagung und durch zahlreiche Erfahrungen ausgeprägt hat. Es wäre nun geradezu fatal zu glauben, dass sich diese Menschen auf ein kollektives Einheitsverhalten trimmen ließen. Das wäre auch nicht erstrebenswert, denn gerade die Unterschiedlichkeit der Menschen macht das Leben so spannend und interessant. Sie werden in Ihrem Berufsleben mit Sicherheit auf sehr unterschiedliche Führungskräfte mit ganz eigenen Führungsstilen treffen, das gilt selbst dann, wenn sie in ein und demselben Unternehmen arbeiten.

Führungsstile hängen nicht nur von der Unternehmenskultur und den Wertmaßstäben, sondern auch vom jeweiligen Zeitgeist und den Organisationsformen ab. Führungskräfte in einer Linienorganisation, die streng hierarchisch gegliedert ist, werden einen eher direktiven Führungsstil praktizieren. Dies bedeutet, dass die Entscheidungsspielräume der Mitarbeiter enger gefasst sind und klare Vorgaben existieren. Das kleine Softwarehaus ohne feste Organisationsstrukturen wird seine Mitarbeiter in puncto Führung sicher anders behandeln.

Für Sie, der Sie sich zunächst in der Rolle des Geführten befinden, bedeutet dies, dass Sie sich den direkten Vorgesetzten und die Rahmenbedingungen im Unternehmen genau ansehen sollten. Versuchen Sie, Ihre soziale Kompetenz zu nutzen, sich auf den Vorgesetzten einzustellen und möglichst viel von ihm zu lernen. Fordern Sie ihn in seiner Rolle als Führungskraft, aber überfordern Sie ihn nicht. Einige Dinge können Sie ganz klar von Ihrem Vorgesetzten erwarten, zum Beispiel die folgenden.

- Aussagen bezüglich seiner Erwartungen an Sie: Indem Sie Ziele vereinbaren und sich darüber unterhalten, wie Ihre Leistung gemessen und bewertet wird, haben Sie eine klare Vorstellung, was Ihr Vorgesetzter von Ihnen erwartet.
- Bereitstellung von Ressourcen, um die gestellten Aufgaben zu erfüllen: Sicherlich wird das, was Ihnen an Zeit, Geld und Ausstattung für die Bewältigung der gestellten Aufgaben zur Verfügung steht, eher knapp als üppig bemessen sein, da Unternehmen mit dem geringsten Aufwand an Mitteln die größte Wirkung erzeugen wollen. Dennoch benötigen Sie ein Minimum an Ressourcen, um tätig werden zu können, und es ist Aufgabe Ihres Chefs, Ihnen diese bereitzustellen.
- Feedback und Förderung: Es ist für Sie von großer Bedeutung zu erfahren, wie Ihr Vorgesetzter Sie und Ihr Leistungsverhalten beurteilt und welche Schritte er im Hinblick auf Ihre persönliche Weiterentwicklung für notwendig hält. Regelmäßige Gespräche und geeignete Fördermaßnahmen sind dafür die gebräuchlichsten Instrumente. Dies heißt nicht, dass er Ihnen zum Beispiel die Teilnahme an Seminaren anbieten muss. Er sollte Ihnen jedoch Kontakte vermitteln und den Zugang zu passenden Qualifizierungsmaßnahmen ermöglichen.
- Schutz und Unterstützung: Ihr Vorgesetzter verfügt über einen gewissen Status und hat eine Machtposition in der Organisation. Es gehört zu seinen Aufgaben, diesen Einfluss zu nutzen, um Sie als Mitarbeiter zu schützen. Das gilt auch, wenn andere Entscheidungsträger im Unternehmen Sie im negativen Sinne ins Visier nehmen und Ihnen schaden wollen. Die Schutz- und Unterstützungsfunktion umfasst auch, dass die Führungskraft Sie nicht sehenden Auges in ein offenes Messer rennen lassen darf, zumindest muss sie Sie warnen.
- Ein offenes Ohr: Ein Vorgesetzter sollte für seine Mitarbeiter ein offenes Ohr haben, wenn diese seine Unterstützung benötigen.

Auf der anderen Seite gibt es Dinge, die Sie von einer Führungskraft nicht erwarten können, darunter beispielsweise die folgenden.

- Ständige Begleitung: Sie können nicht davon ausgehen, dass Ihr Vorgesetzter Sie an die Hand nimmt und jeden Schritt im Unternehmen mit Ihnen geht. Sie wurden als Hochschulabsolvent eingestellt, um selbstständig Aufgaben zu lösen und Ihre Handlungskompetenz einzubringen. Erwarten Sie deshalb nicht von Ihrem Chef, dass er Ihnen im Detail sagt, wie Sie Ihre Aufgaben lösen sollen.
- Das Vertuschen von Fehlern: Sie sind selbst für Ihre Arbeit verantwortlich. Gehen Sie deshalb nicht mit der Erwartungshaltung ans Werk, dass Ihr Chef Sie

aus misslichen Lagen schon wieder rausboxen wird. Wenn Sie Glück haben, wird er dies vielleicht tatsächlich tun, doch Sie sollten dies nicht von ihm fordern.

- Motivation: Dass Sie diesen Begriff hier finden, wird Sie vielleicht zunächst überraschen. Ich bin jedoch der festen Überzeugung, dass Sie aus sich heraus motiviert sein müssen und Ihr Vorgesetzter nur die Rahmenbedingungen zu schaffen braucht, damit Sie engagiert und motiviert arbeiten können. Wenn Ihr Chef Sie zum Jagen tragen muss, werden Sie nie Ihre volle Leistungsfähigkeit entfalten.
- Den idealen Chef: Auch Ihr Vorgesetzter ist ein Mensch und hat seine persönlichen Schwächen. Legen Sie sein Verhalten nicht auf die Goldwaage und erwarten Sie nicht den perfekten Chef, der seine Hauptaufgabe darin sieht, Sie zu unterstützen und zu bespaßen. Ein gewisser Egoismus steckt in jedem Menschen und auch Ihr Vorgesetzter steht unter dem Druck, die an ihn gestellten Aufgaben erfüllen zu müssen. Indem Sie ihm Anerkennung für das zukommen lassen, was er für Sie tut, werden Sie seine Bereitschaft erhöhen, Ihnen weiterzuhelfen.

Ihre nächsten beruflichen Schritte werden zu einem großen Teil davon abhängen, ob Ihr direkter Vorgesetzter mit Ihnen zufrieden ist. Sehen Sie sich in der Rolle des Lernenden, der aus eigenen Fehlern und den Fehlern anderer für sein zukünftiges Verhalten lernt. Bedenken Sie, dass das Führen von Menschen eine große menschliche Herausforderung ist. Es fällt leicht, kritische Worte über das Führungsverhalten anderer zu finden. Es später selbst besser zu machen, heißt die Aufgabe, der Sie sich stellen sollten.

ARBEITSHILFE ONLINE

ÜBUNG 11: Erwartungen an Ihren Chef

Überlegen Sie sich, welche Erwartungen Sie an Ihren Chef haben und ob diese realistisch sind.

....

....

....

....

....

Da das Verhältnis zu Ihrer Führungskraft besondere Bedeutung hat, sollten Sie möglichst schnell ein Gefühl dafür entwickeln, was für ein Menschentyp Ihr Chef ist. Hierbei hilft es, wenn Sie nicht nur mit den jetzigen Kollegen sprechen, sondern auch mit Mitarbeitern im Unternehmen, die bereits früher mit Ihrer Führungskraft zusammengearbeitet haben. Bringen Sie dabei Folgendes in Erfahrung:

- Welchen Hintergrund hat Ihre Führungskraft? Welche Positionen mit welchen Aufgaben hat Ihr Chef bisher innegehabt? Sie können davon ausgehen, dass er Aufgaben, die mit diesen Bereichen zu tun haben, mit sehr viel Sachverstand kritisch begutachten wird.
- Welches Netzwerk von Freunden hat Ihr Chef im Unternehmen? Wen kennt er schon sehr lange und zu wem hat er ein Vertrauensverhältnis? Mit welchen Personen ist das Verhältnis eher gespannt?
- Welche Arbeitszeiten hat Ihr Vorgesetzter? Gibt es Zeiten, zu denen er möglichst nicht gestört werden möchte? Oder zu denen er Präsenz zeigt und bezüglich unterschiedlicher Themen ansprechbar ist?
- Welche allgemeinen Stärken und Schwächen hat Ihr Chef? Welchen Einfluss und welches Ansehen genießt er im Unternehmen?
- Welche Themen liegen Ihrem Chef besonders am Herzen? Gibt es Bereiche, die sein Steckenpferd sind oder mit denen er sich profiliert? Ihre exzellente Zuarbeit in diesen Bereichen ist dann von ganz besonderer Bedeutung.

Hat sich heutzutage ein bestimmter Führungsstil mehrheitlich in den Unternehmen durchgesetzt? Ansgar Kinkel, ehemaliger Kienbaum-Berater und langjähriger HR-Manager bei führenden Beratungsunternehmen, gibt seine Eindrücke zum Thema Führung wieder.

Aus der Praxis: Expertenwissen

„Das Thema Führung ist sicher eines der am häufigsten diskutierten Themen in Deutschland. Wer kennt nicht die Situation, dass der Chef anderer Meinung ist und sich einfach nicht davon abbringen lässt? Viele Absolventen sehen sich auch als Führungsnachwuchskräfte und leiten daraus die Erwartung ab, in Zukunft selbst Mitarbeiter zu führen. Spätestens mit dem Berufseinstieg ergibt sich auf jeden Fall eine Auseinandersetzung mit dem Thema, da jeder einen Vorgesetzten hat. Ist denn Führung heute überhaupt noch so wichtig respektive sinnvoll? In schlanken Organisationen gibt es doch auch immer weniger Führungspositionen.

Anfänge der Führung

Aufgekommen ist das Thema Führung mit Beginn der Industrialisierung. Seitdem hat die Komplexität der Aufgaben kontinuierlich zugenommen, sodass die damit verbundene Arbeitsteilung immer spezialisierter wurde. Die im Lauf der

Zeit entstandenen sozialen Konstruktionen und Organisationen mit ökonomischen – und inzwischen auch gesellschaftlichen – Zielsetzungen betreffen Hunderttausende von Mitarbeitern. Irgendwie liegt es nahe, dass die vielen Menschen, die sich auf gemeinsame Ziele hin ausrichten sollen, Unterstützung in Form der Koordination ihrer Teilaufgaben brauchen. Damit verbunden ist die abgestufte Übernahme der Verantwortung für die tatsächliche Umsetzung. Eben diese verbindende Klammer ist die Führung. Deshalb wird man in Organisationen mit mehr als 50 Mitarbeitern nie ohne sie auskommen – das zeigt auch die Forschung über Grenzen beim Wachstum von Unternehmen. Form und Verteilung der Führung werden sich aber immer wieder verändern. Ebenso werden die Auswirkungen der Industrie 4.0 – verbunden mit der Rückkehr kleiner Manufakturen –, eine von Entscheidungssystemen zunehmend unterstützte digitale Führung, neue Organisationsformen mit freiberuflichen Projektmitarbeitern wie beim IBM-Konzept ‚Liquid' und nicht zuletzt der Wertewandel bei den verschiedenen Generationen in absehbarer Zeit spürbar sein.

Führungsstile und Einflussfaktoren

Die Bandbreite bei den Führungsstilen ist groß, sie reicht vom sogenannten Laisser-faire-Stil, bei dem Mitarbeitern sehr große Freiheiten gewährt werden, bis zum autoritären Führungsstil, bei dem der Vorgesetzte seinen Mitarbeitern im Grunde jedes Detail vorgibt. Dazwischen bewegen sich alle denkbaren Abstufungen. Welcher Stil praktiziert wird, hängt zum einen von der nationalen Kultur ab – ein Chef in Frankreich hat noch ein sehr viel stärkeres Autoritätsbewusstsein, auch wenn die zunehmende Globalisierung und Vernetzung zu einer immer stärkeren Annäherung führt –, aber auch von der Kultur im jeweiligen Unternehmen. Letztendlich übt jedoch der direkte Vorgesetzte den stärksten Einfluss aus und sein Stil kann durchaus von dem des Unternehmens abweichen. Auch das Geschlecht spielt eine Rolle: Viele der Frauen, die ich in Führungspositionen erlebt habe und erlebe, führen teilweise anders, insofern dürfte ein steigender Anteil weiblicher Führungskräfte die Führungskultur in Unternehmen verändern.

Weiterhin wirkt sich die Qualifikation der Mitarbeiter darauf aus, wie sie geführt werden. Mit mehr Ausbildungsqualifikation und Berufserfahrung vergrößern sich ihre Freiräume. Auch der Funktionalbereich spielt eine Rolle, in der Produktion beispielsweise muss die Abstimmung präziser sein als in der Forschung oder im Vertrieb.

Erfahrung mit Führung

Im Grunde kann jeder auf drei verschiedene Arten den Umgang mit Führung erleben:

- Geführt werden
- Sich selbst führen
- Andere führen: temporär als Team- oder Projektleiter; dauerhaft als Manager

Geführt zu werden, das erlebt jeder in irgendeiner Form. Im Berufsleben ist zwar die Unternehmensführung davon ausgenommen, aber auch sie muss sich in der Regel einem Kontrollgremium verantworten. Doch wie geht man eigentlich damit um, geführt zu werden? Zum einen ist natürlich der direkte Vorgesetzte für seinen Führungsstil selbst verantwortlich. Durch gute Leistung und damit verbundenes Vertrauen kann sich der Mitarbeiter allerdings mehr Spielraum erarbeiten. Wichtig ist es, die Erwartungen und Ziele des Chefs gut zu kennen und zu antizipieren. Wenn eine Führungskraft erkennt, dass Mitarbeiter selbstständig in die richtige Richtung und auch im vorgegebenen Zeitrahmen arbeiten, lässt er sie in der Regel machen. Umgekehrt gilt: Wenn Abweichungen drohen oder gar auftreten, muss er eingreifen. Gut ist es deshalb, die eigenen Ziele klar zu definieren und zu vereinbaren. Legen Sie Ziele, Zeitpunkte sowie Messkriterien eindeutig mit Ihrem Vorgesetzten fest, und versuchen Sie, auch Zwischenschritte zu definieren, die Ihnen und ihm eine laufende Überprüfung ermöglichen.
Immer häufiger erwarten Unternehmen von ihren Mitarbeitern, dass sie sich bis zu einem gewissen Grad selbst führen, dieser Anspruch wird weiter steigen. Insbesondere schlanke Organisationen setzen diese Fähigkeit voraus, da hier Führungspositionen eher abgebaut werden. Stattdessen ist die direkte Kommunikation zwischen den Mitarbeitern gefragt, speziell mit den im Arbeitsprozess vor- und nachgelagerten Abteilungen. Im Vordergrund steht aber, dass die Mitarbeiter für die ihnen eingeräumten Freiräume Verantwortung übernehmen. Unterstützt wird diese Entwicklung dadurch, dass der Informationsfluss inzwischen von der EDV gesteuert wird, während früher die Führung eines Unternehmens dafür verantwortlich war. Diese Entwicklung ermöglicht die Selbststeuerung, verlangt aber auch entsprechende Selbstverantwortung.
Die Herausforderung, andere zu führen, kann sich viel früher stellen, als sich so mancher vorstellt. Das muss nicht in der Rolle des Managers sein, der eine feste Anzahl ihm unterstellter Mitarbeiter führt, es kann aber ein Projekt- oder Teamleiterposten anstehen. Der wichtigste Unterschied zur ‚richtigen' Führungskraft ist, dass die Mitarbeiter nicht disziplinarisch, sondern allenfalls fachlich unterstellt sind. Jedoch gilt: Da heute von Führungskräften erwartet wird, dass sie überzeugen und nicht anordnen, ist der Unterschied gar nicht so groß.
Als Manager kann man sich ab der Ebene fühlen, auf der Abteilungsleiter zu finden sind, denn dann führt man eine Reihe von Mitarbeitern auch disziplinarisch. Als solcher ist man für ihre Einstellung, Entwicklung und auch das Ausscheiden oder eine Versetzung verantwortlich. Das umfasst zudem die Aufgabenzuordnung, Gehaltsfragen sowie eventuell auftretende Probleme. Da sich die Unternehmen immer flexibler organisieren, mit verschiedensten Beschäftigungsmodellen operieren und die Arbeitsformen für höher qualifizierte Kräfte große Freiräume lassen, unterscheidet sich der Alltag eines Managers immer weniger von dem eines Team- oder Projektleiters. Anders gestalten sich allerdings die Budgetverantwortung und die Entscheidungsfreiheiten.

2.7 Netzwerke und Kontakte

Wer sich beruflich weiterentwickeln und seine Ideen realisieren will, ist auf die Unterstützung anderer Menschen angewiesen. Kontakte sorgen für Anknüpfungspunkte, können Türen öffnen, geben Halt und stellen Referenzen dar, die Dritten gegenüber als Visitenkarte oder Empfehlung dienen können. Ob in der großen Politik oder im privaten Umfeld – Kontakte bilden auch die Grundlage für Geschäftsbeziehungen. Sie suchen einen Zahnarzt, weil Sie in eine andere Stadt gezogen sind? Gelbe Seiten? Eher nein, auf einen Zahnarzt sollte man sich verlassen können, da geht man doch nicht zum nächstbesten! Also fragen Sie eine Person des Vertrauens, wo sie hingeht und wie sie mit ihrem Zahnarzt zufrieden ist. Sie wollen Ihr erstes selbstverdientes Geld anlegen? Ganz sicher werden Sie in Ihrem Bekanntenkreis nach einem Anlageberater oder Versicherungsmakler fragen.

Warum schalten Unternehmen Personalberater bei der Stellenbesetzung ein und arbeiten in der Regel sehr lange mit ein und demselben Beratungshaus zusammen? Zum einen sicherlich, um den Arbeitsaufwand zu reduzieren; zum anderen, um eine zusätzliche Instanz zu haben, die eine Vorauswahl trifft, auf die sich das Unternehmen verlassen kann. Kontakte wirken wie eine Art Sicherheitsnetz, sie bestärken uns in unseren Entscheidungen und geben uns das Gefühl, nicht alleine zu stehen. Schließlich sehen vier Augen mehr als zwei.

Netzwerke sind ein lockerer, teilweise auch fest installierter Zusammenschluss von Menschen, die sich gegenseitig durch Rat, Hilfe, die Vermittlung weiterer Kontakte oder Informationen unterstützen. Netzwerke gibt es mehr, als Sie zunächst denken. Hier nur einige Beispiele zur Veranschaulichung:

- Ehemalige Studienkollegen als private Kontakte oder in Alumni-Vereinigungen
- Mitglieder aus Arbeitskreisen oder Verbänden, in denen Sie tätig sind
- Ehemalige oder derzeitige Kollegen, Lieferanten und Kunden
- Teilnehmer von Seminaren oder Kongressen, die Sie besucht haben
- Mentoren oder Professoren, von denen Sie betreut wurden
- Private Kontakte über Freundeskreis, Vereine, Nachbarschaft

Gerade die Teilnahme an Kongressen oder Messen sehen viele Menschen vorrangig unter dem Aspekt des Kontaktknüpfens und der Kontaktpflege. Hier treffen sich alle wichtigen Entscheider, wer dabei ist, gehört dazu und spielt mit.

Wenn Sie sich systematisch ein Netzwerk an Kontakten aufbauen, sollten Sie sowohl Menschen innerhalb wie auch außerhalb des Unternehmens einbeziehen. Innerhalb des Unternehmens, um sich Unterstützung in den eigenen Reihen zu suchen, Menschen, die Ihr Arbeitsumfeld kennen und Ihnen dabei helfen können, Ihre Ziele in der Organisation zu verwirklichen. Diese Netzwerke werden von den Unternehmen auch gezielt gefördert, zum Beispiel hat die Microsoft Deutschland GmbH sogenannte Learning Networks eingerichtet, in denen junge sowie erfahrene Führungskräfte aus unterschiedlichen Bereichen Probleme diskutieren und Lösungsansätze entwickeln können.

Netzwerke außerhalb des Unternehmens sind sinnvoll, um sich unter Benchmarking-Gesichtspunkten Referenzinformationen beschaffen zu können und zu erfahren, wie andere bestimmte Aufgaben lösen. Externe Kontakte sind auch deshalb wichtig, weil Sie sich so den Blick nach außen erhalten und unabhängig von Ihrem jetzigen Arbeitgeber über Beziehungen verfügen, die bei einem möglichen Stellenwechsel bedeutsam sein können.

Eine sehr erfolgreiche Netzwerkverbindung gerade für Nachwuchskräfte sind die Wirtschaftsjunioren. In diesem Verband haben sich junge Fach- und Führungskräften aus der Wirtschaft zusammengeschlossen, die sich unter dem Dach der Industrie- und Handelskammern etabliert haben. Wer unter 40 Jahre alt ist und Engagement und Interesse zeigt, kann hier Teil eines Netzwerks werden, das über exzellente Verbindungen verfügt. Die Wirtschaftsjunioren sind regional organisiert, ein erster Kontakt kann über die Industrie- und Handelskammer Ihres Bezirks erfolgen.

Eine wichtige Rolle bei der Netzwerkbildung spielen außerdem Internetplattformen. Im deutschsprachigen Raum ist XING (www.xing.com) das verbreitetste berufliche soziale Netzwerk. International gilt LinkedIn (www.linkedin.com) als das führende Portal. Personalberater und Headhunter nutzen diese Plattformen sehr intensiv, um geeignete Kandidaten zur Stellenbesetzung zu finden. Ferner bietet sich hier die Möglichkeit, in Foren auf Menschen mit ähnlichen Interessen zu stoßen und sich auszutauschen.

Nutzen Sie alle Chancen, um Kontakte zu knüpfen, auch dabei hilft soziale Kompetenz in Form von Kontaktfähigkeit. Damit ist es aber nicht getan, die Kontaktpflege stellt den wesentlich zeitaufwendigeren, jedoch aus meiner Sicht wichtigeren Aspekt dar. Vielleicht haben Sie das Schreiben von Weihnachtskarten oder das Übergeben kleiner Aufmerksamkeiten zu Geburtstagen und Jubiläen schon manchmal verflucht. Doch dies alles sind Zeichen, dass Sie an jemanden denken und den Kontakt aufrechterhalten möchten. Signale, die dem anderen zeigen: Du bist mir wichtig. Nur durch Kontaktpflege werden Sie im konkreten Bedarfsfall auf die Hilfe dieser Person zurückgreifen können. Wenn man sich zumindest einmal im Jahr schreibt oder miteinander telefoniert, ist der Faden nicht abgerissen und ein Anknüpfen ohne peinliche Entschuldigungen möglich.

Oft sind es Kleinigkeiten, die den großen Unterschied ausmachen. Merken Sie sich Besonderheiten im Zusammenhang mit den Menschen, zu denen Sie Kontakt halten möchten. Welche Hobbys haben sie? Wann ist ihr Geburtstag? Wie heißen ihre Kinder? Wohin reisen sie am liebsten? Schreiben Sie sich Informationen wie diese ruhig auf. Sie werden verblüfft sein, welch positive Resonanz Sie erzeugen, wenn Sie solche Details in ein Gespräch einfließen lassen. Es kommt ganz anders an, ob Sie fragen: „Wohin fahren Sie denn dieses Jahr in Urlaub?“ oder: „Was macht Ihr Ferienhaus auf Sardinien, fahren Sie diesen Sommer wieder hin?“.

HINWEIS

Unter dem Begriff „Customer-Relationship-Management“ (CRM) bauen Unternehmen ganz gezielt Datenbanken mit Informationen über ihre Kunden auf, um deren spezifische Bedürfnisse und Wünsche näher kennenzulernen und passgenaue Angebote entwickeln zu können.

Als Abschluss dieses Kapitel finden Sie eine Zusammenfassung, das Wichtigste zum Networking auf einen Blick:

- Networking ist der bewusste Aufbau und die kontinuierliche Pflege von Kontakten mit dem Ziel, Teil eines lebendigen Netzwerks zu sein.
- Networking ist ein auf Geben und Nehmen ausgerichteter partnerschaftlicher Prozess, von dem alle Beteiligten profitieren sollten.
- Werden Sie sich zunächst bewusst, warum Sie für andere ein interessanter Netzwerkpartner sind.
- Lernen Sie, sich mit einer Ein-Minuten-Präsentation in einer neuen Umgebung kurz vorzustellen. Was ist wirklich wichtig? Was sollten andere über Sie erfahren? Was soll hängen bleiben?
- Networking setzt den Willen voraus, sich aktiv einzubringen. Warten Sie deshalb nicht darauf, dass andere auf Sie zukommen.
- Gute Networker interessieren sich für Menschen. Sie kennen persönliche Vorlieben, Interessen und zum Beispiel die Geburtstage Ihrer Netzwerkpartner.
- Um Netzwerkpartner kennenzulernen, sollten Sie dort hingehen, wo Sie die Menschen mit einschlägigen Interessen, Kontakten und Fähigkeiten treffen (Messen, Tagungen, Ausstellungen usw.), oder werden Sie Mitglied in einem Berufsverband.
- Eine positive Ausstrahlung und Sympathiegesten wie Lächeln oder Blickkontakt erleichtern die Kontaktaufnahme und machen Sie für andere zu einem beliebten Gesprächspartner.

- Wenn Sie in einer ganz bestimmten Angelegenheit einen Kontakt suchen, recherchieren Sie, mit wem Sie sprechen sollten. Ein Aufhänger ist hilfreich bei der Ansprache, das kann eine Empfehlung, ein gemeinsamer Bekannter oder etwas anderes sein, was Sie verbindet.
- Networking hat viel mit Vertrauen zu tun. Dieses entsteht nur über positive Erfahrungen mit einem Menschen über einen längeren Zeitraum. Pflegen Sie also Ihre Kontakte. Eine Karte zum Geburtstag oder ein kurzer Anruf zwischendurch helfen beispielsweise, die Verbindung am Leben zu erhalten.
- Zeigen Sie sich für eine Gefälligkeit bei Ihren Netzwerkpartnern erkenntlich. Ein Dankeschön oder ein persönlicher Kartengruß vermitteln Anerkennung und Wertschätzung. Sie zeigen damit, dass für Sie die Hilfe des anderen nicht selbstverständlich ist.

3 Werkzeugkoffer für Ihren Erfolg

In diesem Kapitel erfahren Sie mehr über einige Instrumente, die Ihnen helfen werden, erfolgreich zu sein. Der Begriff „Erfolg“ wird sehr unterschiedlich definiert. Der eine versteht darunter, viel Geld zu verdienen, ein anderer, die eigenen Kinder ohne größere Probleme durch die Zeit der Pubertät zu führen, ein Dritter, wenn er es geschafft hat, einen neuen sportlichen Rekord aufgestellt zu haben. Wenn im Rahmen dieses Buches von Erfolg die Rede ist, so sind hier in erster Linie berufliche Dinge gemeint. Aber selbst bei der Definition, was beruflichen Erfolg ausmacht, scheiden sich die Geister gewaltig. Macht, Geld, Anerkennung, Prestige, Zufriedenheit, das alles sind Begriffe, die in diesem Zusammenhang genannt werden.

Da Sie sich noch ziemlich am Anfang Ihrer beruflichen Laufbahn befinden, steigen wir recht bescheiden ein und definieren Erfolg zunächst so, dass Sie die Ihnen übertragenen Aufgaben zur Zufriedenheit aller Beteiligten erfüllen und diese Leistungen auch von außen wahrgenommen und anerkannt werden. Zum Kreis der Beteiligten zählen sicherlich Ihr Vorgesetzter, Ihre Kunden, Ihre Kollegen, aber natürlich auch Sie selbst. Erfolg zieht weiteren Erfolg nach sich. Wenn es Ihnen gelungen ist, die ersten Aufgaben erfolgreich zu bewältigen, haben Sie sich einen Vertrauensvorschuss erarbeitet, der Ihnen bei der Bewältigung weiterer Aufgaben helfen wird. Erste Erfolge stärken außerdem Ihr Selbstwertgefühl und geben Ihnen das Selbstvertrauen, um auch größere Projekte mit mehr Verantwortung in Angriff zu nehmen. Parallel hierzu werden Ihre selbstgesteckten Ziele wachsen, denn Erfolg hängt unweigerlich auch an Zielen. Wer sich kein klar definiertes Ziel setzt, wird nicht wissen, ob beziehungsweise wann er es erreicht hat. Denn erst indem eine Vorgabe erfüllt wird, stellt sich der Erfolg ein.

Als Einstieg soll ein Schaubild dienen, das ich im Rahmen meiner Arbeit als Karriereberaterin kontinuierlich weiterentwickelt und mit Letitia Combs, einer Beraterin aus den USA, nach und nach grafisch umgesetzt habe.

Handlungskompetenz als Grundlage des Erfolgs

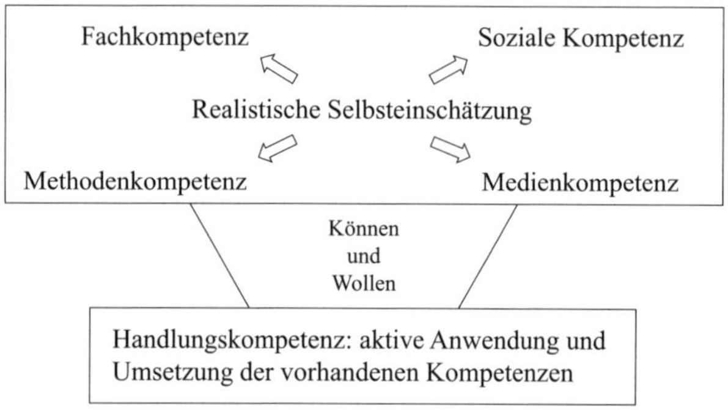

Kompetenzbereiche

Es sind demnach vier Kompetenzbereiche, die die Leistungsfähigkeit eines Menschen direkt beeinflussen: Fachkompetenz, soziale Kompetenz, Methodenkompetenz und Medienkompetenz.

Fachkompetenz

Dieser Bereich wird Ihnen von der Hochschule mit Sicherheit am besten vertraut sein. Sie haben sich für eine bestimmte Fachrichtung entschieden und auf diesem Gebiet vertiefte Kenntnisse erworben. Ein Diplom oder ein Magisterabschluss beziehungsweise ein Bachelor- oder Masterabschluss am Ende des Studiums bestätigt Ihnen, dass Sie vom Fach sind, zumindest was das theoretische Wissen betrifft.

Fachkompetenz lässt sich zwar mit Scheinen oder Urkunden belegen, viel wichtiger ist jedoch, ob diese Kenntnisse aktiv vorhanden sind und jederzeit eingesetzt werden können. Ein guter Praktiker, der sich im Selbststudium oder im Rahmen seiner Arbeit Fachwissen angeeignet hat, ist so manchem Theoretiker überlegen, denn er kann auf praktische Erfahrungen zurückgreifen. Im Rahmen Ihrer Einarbeitung werden Sie sicherlich schon selbst erfahren haben, dass Theorie und Praxis zwei Paar Stiefel sind. Denn „grau ist alle Theorie“, die unter idealen Laborbedingungen entwickelt wurde. Die Rahmenbedingungen in der Berufswelt bringen so manche Unwägbarkeit mit sich, das Wissen aus der Hochschule kann nicht eins zu eins umgesetzt werden. Erst wenn sich mit ihm die Erfahrungen bei der praktischen Anwendung unter Realbedingungen verbinden, wird das Ergebnis richtig wertvoll. Dies ist auch ein entscheidender Grund, warum viele Positionen nicht mit Berufsanfängern besetzt, sondern Mitarbeiter mit einschlägiger Berufserfahrung gesucht werden. Schließlich können sie durch ihre Berufserfahrung belegen, dass sie in der Lage sind, Fachwissen in zielgerichtete Leistung umzusetzen.

Ihr Hochschulabschluss kann zwar als Eintrittskarte in die Berufswelt dienen, aber nicht als Dauerkarte eine erfolgreiche Positionierung im Unternehmen garantieren. Denn Fachwissen hat einen weiteren entscheidenden Nachteil: Es ist sehr schnell vergänglich. Wer sich die Entwicklung in den letzten Jahren ansieht, der erkennt, dass die Halbwertszeit, sprich die Zeit, nach der das erworbene Wissen nur noch die Hälfte wert ist, immer kürzer wird. Dies gilt ganz besonders für die Branchen Informationstechnologie und Telekommunikation. Dem Fachwissen kommt sicherlich Bedeutung zu, nur ist es mit dem Abschluss eines einschlägigen Studiums nicht getan. Wer fachlich kompetent sein will, muss sein Wissen ständig erneuern und lebenslanges Lernen nicht als notwendiges Übel, sondern als Herausforderung betrachten.

Soziale Kompetenz

Das Thema soziale Kompetenz wurde in diesem Buch bereits ausführlich besprochen, deshalb sei an dieser Stelle nur kurz angemerkt: Soziale Kompetenz ist eine wichtige Voraussetzung, um Fachkompetenz innerhalb einer Gemeinschaft — und ein Unternehmen oder ein Team ist eine solche — einbringen zu können. Nur wenn Sie in der Lage sind, Ihren fachlichen Part im Team zu vertreten und die anderen Mitglieder davon zu überzeugen, dass Ihre Belange für den Erfolg des Ganzen von entscheidender Bedeutung sind, werden Sie ein offenes Ohr finden. Auch das Thema Führung ist zentral im Bereich der sozialen Kompetenz verankert.

Methodenkompetenz

Wenn ich in meinen Vorträgen und Workshops für die Abschlusssemester an den Hochschulen nach der Methodenkompetenz frage, herrscht in der Regel zunächst einmal betroffenes Schweigen. Das ist umso schlimmer, als dass dieses Feld zunehmend an Bedeutung gewinnt; gerade von Hochschulabsolventen wird in dieser Hinsicht einiges erwartet. Liest man im Lexikon nach, wird der Begriff „Methode“ als planmäßige, konsequente Verfahrensweise zur sicheren und optimalen Verwirklichung theoretischer und praktischer Ziele organisatorischer, technischer oder wissenschaftlicher Art definiert. Daran wird bereits deutlich, wie universell Methodenwissen eingesetzt werden kann.

Jeder von Ihnen hat bereits während des Studiums oder auch in der Freizeit eine bestimmte „Verfahrensweise“ angewandt, um die gestellten Aufgaben zu realisieren. Denken Sie nur an Studien- oder Abschlussarbeiten, aber auch an das Organisieren einer Geburtstagsparty oder die Durchführung einer Sportveranstaltung. Sie standen vor einer Aufgabe und haben sich überlegt, wie Sie diese am besten lösen können. Sie haben sich sicherlich zuerst einmal einen Plan gemacht, wie viel Zeit und finanzielle Ressourcen Sie zur Verfügung haben, was Sie erreichen wollen und welche Teilaufgaben zu erledigen sind. Dann haben Sie Schritt für Schritt die einzelnen Teilaufgaben in Angriff genommen. Wer mit einem systematischen Ansatz an eine ihm bisher unbekannte Herausforderung herangeht und nicht hilflos vor einem Berg steht, ohne zu wissen, wie und wo er anfangen soll, besitzt Methodenkompetenz. Damit ist die Fähigkeit gemeint, eine Aufgabenstellung nach einem bestimmten System, das sich in der Vergangenheit bewährt hat, zu bearbeiten. Methodenkompetenz lässt sich bildlich gesprochen auch als ein Werkzeugkoffer beschreiben, mit dessen Inhalt Sie unterschiedliche Werkstücke bearbeiten können. Je mehr Werkzeuge Sie zur Verfügung haben, umso flexibler sind Sie bei der Bearbeitung.

In der Berufspraxis wurde eine Reihe von Werkzeugen – auch Tools genannt – entwickelt, mit deren Hilfe sich Aufgaben professionell und effizient lösen lassen. Spielte es an der Hochschule keine entscheidende Rolle, ob Sie Ihre Arbeit wie ursprünglich geplant nach drei, sondern erst nach vier Monaten abschließen konnten, bedeutet dies in der Wirtschaft eine Budgetüberschreitung von 33 Prozent! Sie benötigen gute Gründe, um Ihrem Chef gegenüber eine solche Verzögerung zu rechtfertigen.

Die in der Praxis am weitesten verbreitete Methode ist das Projektmanagement, damit soll eine zeitlich und kostenmäßig begrenzte Aufgabenstellung termin- und budgetgerecht realisiert werden. Zu den Methodenkompetenzen zählen auch Präsentationstechniken, das Zeitmanagement oder Moderationstechniken, mit deren Hilfe Sie eine Themenstellung mit einer Gruppe erarbeiten können.

BEISPIEL

Aufgaben, die sich klassischerweise den Unternehmensberatungen stellen, werden häufig mit der SWOT-Analyse bearbeitet. Dabei werden die Stärken (Strenghts), Schwächen (Weaknesses), Chancen (Opportunities) und Risiken (Threats) näher beleuchtet.

S = Strength	W = Weakness
O = Opportunities	T = Threats

Methodenkompetenz unterscheidet sich von der Fachkompetenz in einem ganz wesentlichen Punkt: Sie ist universell einsetzbar und nicht auf ein bestimmtes Fachgebiet begrenzt. Wenn Sie die Methode des Projektmanagements beherrschen, ist es unerheblich, ob Sie eine Verkaufsaktion für Computer oder die Entwicklung eines neuen Rasenmähers planen. Methodenkompetenz ist auch nicht so kurzlebig wie Fachwissen. Sicherlich müssen Sie das eine oder andere Werkzeug aus Ihrem Methodenkoffer mal erneuern oder „nachschleifen", es wird Ihnen jedoch auf Dauer erhalten bleiben und durch den Einsatz in vielen Praxisfällen zunehmend vertrauter werden, sprich, Sie werden Professionalität im Umgang mit Ihren Tools erlangen.

Medienkompetenz

Medienkompetenz bezieht sich nicht in erster Linie darauf, wie professionell Sie sich vor einer Kamera bewegen. Vielmehr beschreibt dieser Begriff den professionellen und zielgerichteten Einsatz unterschiedlicher Technologien, die heute zur Verfügung stehen. Einer der großen Vorteile, die Sie als Berufsstarter gegenüber älteren Kollegen haben, besteht darin, dass Sie wahrscheinlich weniger Berührungsängste haben, wenn es um neue Technologien und Medien geht. Für Sie ist schon der souveräne Umgang mit Tablet und Smartphone einfach selbstverständlich. Wer Kinder vor dem Computer anschaut oder jugendliche Hacker, die sogar hochgesicherte Datenbänke knacken, kann nicht mehr leugnen, dass wir uns im Informationszeitalter befinden. Der Umgang mit digitalisierten Daten ist so selbstverständlich wie das Essen und Trinken.

Die Medienkompetenz wird in den nächsten Jahren ein entscheidender Erfolgsfaktor sein. Wer Informationen schnell und kostengünstig beschaffen kann, wird die Nase im Wettbewerb vorn haben. Unternehmen setzen deshalb bei der Auswahl ihrer Mitarbeiter verstärkt auf diese Fähigkeiten. Wir können heute von nahezu jedem Ort der Welt jede beliebige Information erhalten; das sind Daten, die wir uns selbst beschaffen. Darüber hinaus werden wir mit einer Riesenmenge von Daten konfrontiert, die wir gar nicht speziell angefordert haben. Diese Informationen überrollen uns geradezu und es gibt insbesondere viele ältere Menschen, denen das Angst macht. Sie fühlen sich damit überfordert, aus der Flut der Möglichkeiten das herauszufiltern, was wirklich wichtig ist. Ein wesentlicher Aspekt der Medienkompetenz besteht daher auch darin, die vorhandenen Daten in den Griff zu bekommen und einen Weg zu finden, den größtmöglichen Nutzen aus dem Überangebot zu ziehen.

Die Möglichkeiten des E-Commerce werden in den nächsten Jahren unser Leben noch weiter verändern. Nicht nur der Endverbraucher kann zu jeder Tages- und

Nachtzeit am Computer seine Einkäufe erledigen oder seine Elektrogeräte zuhause über das Smartphone von unterwegs steuern — das Internet der Dinge macht es möglich. Auch die Unternehmen werden ihre Daten noch intensiver austauschen — Industrie 4.0 lässt grüßen — und damit Abstimmungsprozesse vereinfachen und Prozesse harmonisieren. Medienkompetenz, also der zielgerichtete Einsatz von Medien, ist damit keine Fähigkeit mehr, über die ein ausgewählter Kreis von IT-Spezialisten verfügt, sondern eine Anforderung, die jeden betrifft, der im Berufsleben bestehen will.

Standortbestimmung

Fachkompetenz, soziale Kompetenz, Methodenkompetenz und Medienkompetenz sind wichtige Voraussetzung für beruflichen Erfolg. Wer diese Kompetenzen nutzen möchte, muss sich zuerst einmal bewusst machen, wie es um sie bestellt ist. Dabei hilft eine realistische Selbsteinschätzung, quasi eine Standortbestimmung, um die eigenen Stärken und Schwächen erkennen zu können.

ARBEITSHILFE ONLINE

ÜBUNG 12: Standortbestimmung

Nehmen Sie sich die Zeit und führen Sie eine solche Standortbestimmung durch, indem Sie die folgenden Fragen in Ruhe beantworten: Welche Qualifikationen besitze ich in den einzelnen Bereichen? Welche konkreten Beispiele kann ich nennen, um diese Fähigkeiten zu belegen? Wie schätze ich meine Qualifikationen im Vergleich zu denen meiner Kollegen ein?

Mit dieser Standortbestimmung verlassen wir den Bereich des Könnens, also der Fähigkeiten und Kenntnisse. Erfolg hängt aber in entscheidendem Maß auch vom Wollen ab. Aufgaben erfolgreich bewältigen kann nur, wer bereit ist, seine Fähigkeiten in der Praxis einzusetzen, den Willen zum Erfolg in sich spürt, den nötigen Biss hat, um bei der Stange zu bleiben, Engagement, Enthusiasmus und Frustra tionstoleranz besitzt, um auch mit Rückschlägen fertig zu werden und bereit ist, Verantwortung zu übernehmen. Erst das Können und Wollen zusammen ergeben Ihre ganze Handlungskompetenz, für die Arbeitgeber bereit sind, Geld zu bezahlen.

TIPP

Mehr zum Thema Standortbestimmung und zahlreiche unterstützende Übungen zur Ermittlung Ihres Qualifikationsprofils finden Sie in dem Buch „Punkten Sie mit Ihren Stärken. Erfolgreiches Selbstmarketing im Job“ (siehe Literaturverzeichnis).

3.1 Methodenkompetenz

In diesem Kapitel erfahren Sie mehr über die so wichtige Methodenkompetenz. Kenntnisse über Zeitmanagement, Projektmanagement sowie Präsentations- und Moderationstechniken werden an den Hochschulen nur in sehr begrenztem Umfang vermittelt, sind aber für Sie als Hochschulabsolvent von besonderer Bedeutung. Beim Zeit- und Projektmanagement kommen zwei erfahrene Praktiker zu Wort, die über umfassende Erfahrung auf diesen Gebieten verfügen.

3.1.1 Zeitmanagement

Frank Brenner ist Generaldirektor der europäischen Agentur für Sicherheit im Luftverkehr EUROCONTROL (www.eurocontrol.int). Er gibt einige Denkanstöße zum Thema Zeitmanagement.

Aus der Praxis: Expertenwissen

„Als Führungskraft ist es nicht nur wichtig, die Einführung eines professionellen Zeitmanagements im Bereich zu unterstützen, sondern es auch aktiv vorzuleben. Das Tool Zeitmanagement ist unter zwei Gesichtspunkten zu betrachten:

- Was möchte ich in der mir zur Verfügung stehenden Zeit erreichen?
- Wie kann ich mich selbst so optimieren, um möglichst effektiv diese Ziele zu erreichen?

Die erste Frage spricht den Wert der Zeit an. Unabhängig davon, welche Maßnahmen zur Optimierung des Zeitmanagements durchgeführt werden, jeder Mensch hat nur eine bestimmte limitierte Zeit zur Verfügung, die sich nicht

vermehren lässt. Daher stellt sich die Frage, was in dieser zur Verfügung stehenden Zeit erreicht werden soll. Josef Schmidt geht in seinem Buch ‚Zeitmanagement ist Erfolgsmanagement' davon aus, dass eine erfolgreiche Zeitplanung nur auf der Basis einer runden Lebensplanung erfolgen kann. Dieser philosophische Ansatz hat viel für sich, denn bei Konflikten im Zeitmanagement hilft es ungemein, wenn man einzelne zeitfressende Aktivitäten an den eigenen Zielen im Leben messen kann und so zu einer Entscheidung bezüglich der Prioritäten kommt. Oftmals wird argumentiert, dass sich dies alles recht gut anhört, aber nicht realistisch sei, da man seine Ziele im Leben gar nicht selbstständig setzen könne, sondern im großen Umfang fremdbestimmt ist.
Dem widerspreche ich, da nur derjenige zusätzliche Aufgaben in Beruf und Privatleben ablehnen kann, der sich vorher über die für ihn wirklich wichtigen Bereiche des Lebens klar geworden ist und diese für sich selbst definiert hat. Man muss sich zuerst darüber im Klaren sein, was man will. Erst dann kann das Zeitmanagement als Methode beziehungsweise als Werkzeug zur Optimierung der eigenen Ressource eingesetzt werden.
Sich über die eigenen Ziele klar zu werden ist schon gar nicht so einfach. Ziele zu formulieren kann als weitere echte Herausforderung gesehen werden, denn das bedeutet, dass sich die Vorgaben konkret benennen lassen und potenzielle Zielkonflikte erkennbar werden.

- Ziele müssen spezifisch und messbar sein, damit man weiß, wann sie erreicht sind. Nicht: Ich möchte ein besseres Klima in der Abteilung erzeugen. Sondern: Ich werde jeden Monat eine zusätzliche Stunde reservieren, um mit jedem Mitarbeiter ein Gespräch über aktuelle Themen zu führen. Mehr Transparenz erreiche ich dadurch, dass die Mitarbeiter Zugriff auf den eigenen elektronischen Tages- /Wochenkalender bekommen.
- Ziele müssen erreichbar sein, sonst drohen Enttäuschungen.
- Ziele müssen weiter gesteckt sein, als dass man sie ohne Weiteres erreichen kann.
- Ziele müssen in Einklang mit der Führungskraft, der Organisation, den Kollegen und auch dem Partner/der Familie stehen. Beschreiben Sie die Maßnahmen, die Sie ergreifen wollen, um die gesetzten Ziele zu erreichen. Widersprechende Ziele oder auch Maßnahmen, die einen Konflikt hervorrufen, dürfen Sie nicht zulassen. Wenn Sie zum Beispiel jeden Abend ab 17.00 Uhr bei der Familie sein, gleichzeitig aber in der Abendschule einen Französischkurs besuchen wollen, schließt sich das gegenseitig aus.
- Ziele müssen unter Beteiligung der Betroffenen gesetzt werden, damit diese Personen die Vorhaben unterstützen.
- Ziele müssen schriftlich festgehalten und von Zeit zu Zeit auf den erreichten Stand hin geprüft werden.
- Ziele müssen zeitlich fixiert werden.

Wenn Sie Ihre Ziele formuliert haben, überlegen Sie sich Maßnahmen, mit denen Sie sie erreichen möchten.
Wenn Klarheit über die Ziele besteht, stellt sich die zuvor schon angesprochene Frage, wie man sich selbst so optimieren kann, dass die gesteckten Ziele erreichbar werden. Mögliche Ansatzpunkte dazu sind diese:

- Zielgerichtetes Denken
- Fester Wille
- Beständigkeit trotz Einwirkungen der Umwelt
- Anstrengung
- Notwendige eingebrachte Zeit
- Zielorientiertes Handeln
- Identifikation mit den Zielen

Stephen R. Covey beschrieb in seinem Buch ‚First Things First', dass es viele ‚dringende' Dinge gibt, die auf uns einwirken. Dies bedeutet aber noch lange nicht, dass wir gleich auf sie reagieren müssen. Die folgende Grafik teilt in Anlehnung an Covey die einzelnen Aufgaben in ‚dringend' und ‚wichtig' und ordnet sie Kombinationen hieraus zu.

	Nicht dringend	Dringend
Wichtig für die Zielerreichung	II Vorbereitende Arbeiten, Netzwerke, Organisations-entscheidungen, konzeptionelle Überlegungen für zukünftige Aktivitäten	I Notfälle, Krisen, Gefahr von Verzug bei wichtigen Projekten und Arbeiten
Nicht wichtig für die Zielerreichung	IV Manche Telefonate, Post, jeder kennt seine eigenen beliebten zeit-vergeudenden Aktivitäten	III Die meisten Besprechungen, Telefonate, Post

Dringlichkeit-Wichtigkeit-Analyse

Wer sich durch dringende, aber eben nicht wichtige Dinge die Zeit stehlen lässt, wird die gesteckten Ziele nur sehr schwer erreichen können. Mit wie viel Zeit und Energieeinsatz sich was erreichen lässt, ist an dem bekannten Pareto-Prinzip leicht zu erläutern. Der italienische Volkswirtschaftler und Soziologe Vilfredo Pareto stellte im 19. Jahrhundert fest, dass 20 Prozent der Bevölkerung 80 Prozent des Vermögens besaßen. Bei den meisten Sachverhalten ist diese Verteilung anzutreffen, die bedeutenden Dinge machen nur einen verhältnismäßig kleinen Anteil an den Gesamtaufgaben aus.

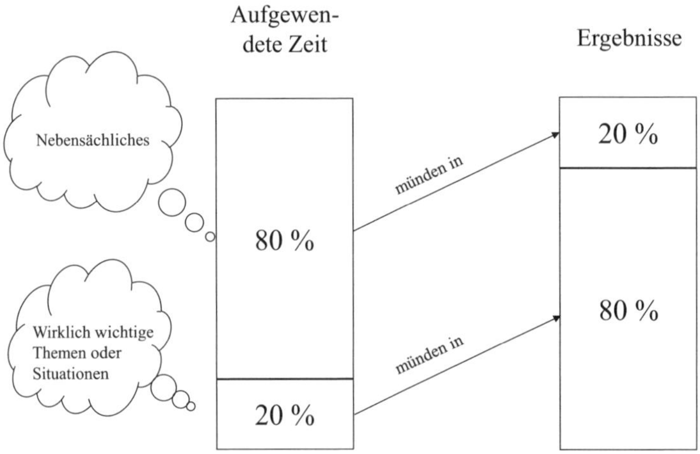

Das Pareto-Prinzip

Es spielt dabei keine Rolle, um welches Thema im Beruf oder Privatleben es sich handelt. 20 Prozent der Besprechungen bewirken 80 Prozent des Nutzens, 20 Prozent des Aufwands an einem Konzept ergibt bereits 80 Prozent des Ergebnisses. Daher sollte immer die Frage im Raum stehen, ob der Aufwand zu vertreten ist, mit weiteren 80 Prozent des Einsatzes eine Steigerung des Ergebnisses um nur 20 Prozent zu erreichen. Für die Perfektionisten unter uns kann es natürlich sehr schwer sein, sich mit 80 Prozent des Ergebnisses zufriedenzugeben, wenn doch 100 Prozent theoretisch möglich wären. Die Betonung liegt aber auf theoretisch, denn meist liegen genügend andere Arbeiten an, die es nicht erlauben, sich intensiv um die restlichen 20 Prozent zu kümmern.
Eine Faustformel sagt, dass man nicht mehr als 50 Prozent des Tages mit Aktivitäten verplanen soll. Wer sich daran hält, hat die Möglichkeit, auf unerwartet Dringendes und Wichtiges zu reagieren.

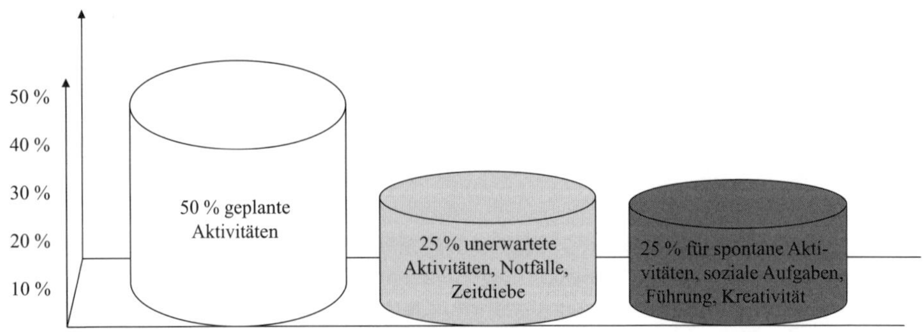

Zeitplanung

Planen Sie, wann immer möglich, den kommenden Arbeitstag schriftlich, tragen Sie jede Aktivität in Ihren Kalender ein. Komplexe Aktivitäten teilen Sie dabei in kleine gut zu bewältigende Schritte auf. Zeitmanagement und Selbstmotivation sind zwei aus meiner Sicht unzertrennliche Themenkreise. Wenn man keinen Spaß an der Arbeit hat, die nötig ist, um die eigenen Ziele zu erreichen, steht der Erfolg in den Sternen. Dabei stellt sich allerdings immer wieder die Frage, ob die richtigen Ziele gesetzt wurden.

Checkliste: Ihre Ziele

- Zu Beginn der Arbeit in einem neuen Bereich ist der Energieaufwand besonders hoch. Diese Warming-up-Phase — man kann sie auch als ‚menschliche Rüstzeit' bezeichnen — muss berücksichtigt werden. Dies zählt zu den Gründen, warum man nicht an vielen Projekten gleichzeitig arbeiten sollte: Beim erneuten Hineindenken geht Zeit verloren.
- Lassen Sie sich nicht von anderen demotivieren. Aussagen wie ‚Das schaffen Sie doch nie' dürfen Sie nicht beeinträchtigen, sondern sollten Sie zusätzlich anspornen. Aber auch eigene Überlegungen nach dem Motto ‚Das kann ich nicht' tragen nicht dazu bei, die eigene Motivation zu erhöhen. Bleiben Ihnen Zweifel, ob Sie sich mit einem Thema übernehmen, besprechen Sie dies mit Kollegen Ihres Vertrauens oder Ihrer Führungskraft.
- Niemand ist davor gefeit, sich vor unangenehmen Aufgaben oder vielleicht auch vor solchen, bei denen man noch nicht den richtigen Ansatz gefunden hat, drücken zu wollen. Besonders, wenn jede Menge andere Arbeiten anstehen. Nähern Sie sich komplexen, schwierigen Aufgabenstellungen an, indem Sie sie in kleine überschaubare Arbeitspakete zerlegen und sich damit gleichzeitig eine Arbeitsstruktur vorgeben.

Auf dem Markt finden sich unterschiedlichste Angebote, um das eigene Zeitmanagement zu verbessern. Zum einen sind die Zeitplaner zu nennen, die es in Print- und elektronischer Form gibt. Zum anderen empfehlen Zeitmanagementtrainer das Anlegen von Registern, die den schnellen Zugriff auf Informationen erleichtern sollen. Probieren Sie aus, was Ihnen am meisten weiterhilft, denn jedes System ist nur so gut, wie es dem Anwender nützt."

Die folgenden zehn Tipps für die Tagesplanung sollten Ihnen in Form einer Checkliste als Orientierungshilfe dienen.

TIPPS

1. Bereiten Sie den Tag gründlich vor: Verschaffen Sie sich nach Möglichkeit bereits am Vorabend einen Überblick über das, was Sie am kommenden Tag erledigen und erreichen wollen.

2. Planen Sie den Tag realistisch: Überfrachten Sie Ihre Tagespläne nicht, denn damit überfordern Sie sich selbst. Ein Tagesplan sollte nur so viel Arbeit enthalten, wie Sie auch an einem Tag realistisch erledigen können.

3. Reservieren Sie sich Zeiträume für Unvorhergesehenes: Packen Sie Ihren Tagesplan nicht bis zur letzten Minute mit Aktivitäten voll. Täglich wird man mit einer Reihe von Dingen konfrontiert, die nicht vorhersehbar sind.

4. Berücksichtigen Sie Ihren Lebensrhythmus bei der Planung: Jeder Mensch unterliegt Schwankungen bei der persönlichen Leistungsfähigkeit. Erledigen Sie Ihre wichtigen Aufgaben dann, wenn Sie mit voller Kraft fahren können.

5. Versehen Sie Ihre Aufgaben mit Prioritäten: Wenn Sie die Maßnahmen oder Aufgaben für einen Tag aufgelistet haben, versehen Sie sie bitte mit Prioritäten, damit zuerst die wichtigsten Aufgaben erledigt werden.

6. Sorgen Sie für einen positiven Start: Freuen Sie sich auf den vor Ihnen liegenden Tag und nehmen Sie sich am Morgen Zeit. Von einem guten Start in den Tag hängt vielfach auch das weitere Gelingen ab.

7. Planen Sie Pausen ein: Regelmäßig sollten Sie Pausen einlegen — bei konzentrierter Arbeit circa jede Stunde eine kurze Pause von fünf bis zehn Minuten —, um Konzentration und Leistungsfähigkeit zu steigern.

8. Gewöhnen Sie sich einen gewissen Arbeitsstil an: Schieben Sie nichts auf, vor allem keine unangenehmen Dinge. Stress wird meist nicht durch die erledigten Aufgaben ausgelöst, sondern durch die unerledigten. Nehmen Sie sich immer eine Aufgabe nach der anderen vor.

9. Planen Sie jeden Tag etwas, auf das Sie sich freuen können: Vorfreude ist die schönste Freude, sagt ein deutsches Sprichwort. Nehmen Sie sich daher täglich etwas vor, was Ihnen Freude bereitet. Nehmen Sie diesen Punkt auch in Ihre Zeitplanung auf.

10. Bereiten Sie jeden Tag nach: So wie Sie den kommenden Tag am Abend vorbereiten, sollten Sie den abgelaufenen Tag am gleichen Abend nachbereiten. Nehmen Sie sich fünf Minuten Zeit, um den heutigen Tag zu resümieren.

Quelle: nach Josef Schmidt Colleg GmbH, Bayreuth (www.schmidtcolleg.de).

3.1.2 Projektmanagement

Thomas Holzmann ist Senior Consultant und Gesellschafter der FLYING EYE Management Beratung für Medieninvestitionen GmbH in Darmstadt (www.flyingeye.de). Er berichtet über die Anforderungen an Berufseinsteiger in Bezug auf das Projektmanagement.

Aus der Praxis: Expertenwissen

„Grob umrissen umfasst Projektmanagement das Initiieren, Planen, Steuern, Kontrollieren und Abschließen von Projekten. Bereits beim Bau der Pyramiden gab es klare Arbeitsstrukturen, die es schon zu jener Zeit ermöglicht haben, derartige Meisterwerke erschaffen zu können. Projektmanagement ist also sicherlich keine Erfindung unserer Zeit.
Obwohl die Wichtigkeit des Projektmanagements in der Praxis seit Längerem anerkannt ist (siehe Abbildung) und es sich zu einem angesehenen betriebswirtschaftlichen Fachgebiet entwickelt hat, findet man erst in wenigen Lehrplänen von Hochschulen und Universitäten Themengebiete und Methoden des Projektmanagements. Besonders gilt dies für die sogenannten weichen Faktoren wie Konfliktmanagement, Teamführung oder Verhandlungsführung. Amerikanische Managementschulen, die durchweg einen stärkeren Praxisbezug suchen, haben Projektmanagement längst in ihr Repertoire aufgenommen.

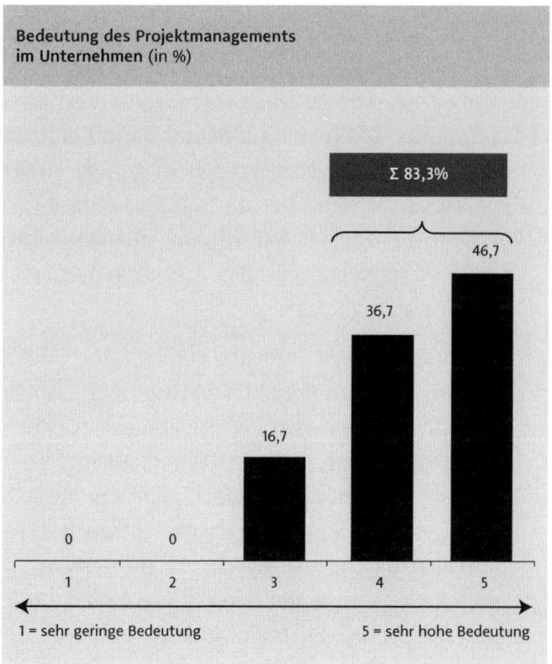

In der Praxis entscheiden sich immer mehr Organisationen dafür, ihre Abläufe ausschließlich in Projektstrukturen abzubilden. Sehr konsequent wird dies insbesondere in Softwarehäusern praktiziert, die ihre Produkte fast ausschließlich in Projektstrukturen entwickeln. Auch eine andere Branche, die Medienindustrie, wickelt ihre Aufträge fast ausschließlich in dieser Form ab. Da auch viele technische Aufgabenstellungen heutzutage in Form von Projekten durchgeführt werden — seien es Forschungs- und Entwicklungsprojekte oder Investitionen in technische Großanlagen —, wiegt das Fehlen entsprechender Projektmanagementinhalte an den technischen Fakultäten noch schwerer. Hinzu kommt, dass die wachsende Komplexität und Dienstleistungsorientierung unserer Wirtschaft unter Berücksichtigung von Kosten- sowie Effizienzgesichtspunkten unaufhaltsam eine weitere Ausrichtung der Aufgaben an Projektstrukturen mit sich bringt.
Aber welche Chance hat nun der unbedarfte Studienabgänger, der nach dem Abschluss der Hochschule in den ersten Tagen seines Berufslebens bereits mit mehreren Projekten gleichzeitig konfrontiert wird und in dessen Lehrplänen das Fach Projektmanagement nicht vorkam? Im Folgenden möchte ich Ihnen eine kurze Orientierung geben, welche Schwerpunktthemen man sich im Bereich Projektmanagement qua Selbststudium aneignen sollte, wenn man unversehens mit der Rolle als Projektmitglied oder gar Projektmanager konfrontiert wird.

- Die erste und wichtigste Aufgabe eines Projektmanagers besteht darin, dafür zu sorgen, dass die Aufgabenstellung des Projekts — der Projektauftrag — klar und deutlich definiert und formuliert wird. Eine Abstimmung dieses Auftrags mit den Auftraggebern verhindert ein böses Erwachen am Ende des Projekts. Denn sollte sich erst dann herausstellen, dass die Auftraggeber etwas ganz anderes wollten als der Projektleiter oder auch das Projektteam, ist es mit Sicherheit zu spät. Im weiteren Verlauf des Projekts wird die Aufgabenstellung im Anforderungsmanagement überprüft, immer wieder werden die Erwartungen des Auftraggebers mit dem Verständnis des Projektteams abgeglichen.

- Zur Initialphase des Projekts gehört neben der Definition des Projektauftrags eine saubere Projektstrukturierung. Damit ist das Erfassen und logische Ordnen aller Arbeitspakete gemeint. Oftmals wird dieser Aufwand besonders von sogenannten Pragmatikern als sinnlos empfunden. Die Projektstrukturierung ist jedoch nicht nur die Basis für die gesamte Projektplanung, sondern grafisch dargestellt auch ein hervorragendes Kommunikationsinstrument, um alle am Projekt Beteiligten dazu zu bringen, über die gleichen Dinge zu reden. Dies ist besonders bei interdisziplinär neu zusammengestellten Projektteams eine Herausforderung.

- Traditionell bezeichnete man die Qualität, die Kosten und die Termine als das Ecosystem des Projektmanagements. Dieses Ecosystem wurde in den letzten Jahren um die Themen Methoden und Menschen erweitert. Insbesondere in Softwareprojekten hat das agile Projektmanagement Einzug gehalten. ‚Scrum' ist beispielsweise eine Methode, die Anforderungs- und Projektmanagement verbindet und bei der den Projektmitgliedern definierte Rollen zugewiesen werden.
- Während das Methodenwissen im Bereich der Termin- und Kostenplanung sehr stark durch gängige Softwarelösungen wie Excel oder Projektmanagementprogramme unterstützt wird, rücken auch andere notwendige Instrumente in den Fokus. Wie es sich insbesondere aktuell bei vielen Großprojekten zeigt, kommen der Projektumfeldanalyse und dem nachgelagerten Risikomanagement entscheidende Bedeutung zu: Solange ein Thema als Risiko betrachtet wird, kann man in der Regel noch etwas tun, um zu verhindern, dass es zum Problem wird.
- Auch auf den ersten Blick banale Managementwerkzeuge, beispielsweise eine gute Visualisierung im Rahmen moderierter Projektgruppensitzungen, tragen zum Projekterfolg bei. Diese Methoden tauchen sehr selten in den Studienlehrplänen auf, ebenso anderes praktisches Handwerkszeug eines Projektmanagers: Berichte zu schreiben, beispielsweise. Sie schmunzeln? Haben Sie in Ihrer Ausbildung jemals gelernt, ein vernünftiges Ergebnisprotokoll zu verfassen? Und genau so sieht es dann in der Praxis aus: Seitenlange Wortprotokolle, bei deren Lektüre man sich fragt, ob der Verfasser eher die Verwirrung der Leser als eine stringente Projektführung im Sinn hatte. Von Themen wie Aufgabenverteilung mit Erfüllungsterminen ganz zu schweigen. Auch das richtige Vorbereiten und Führen von Meetings sowie Kreativitätstechniken gehören zum Handwerkszeug eines Projektmanagers.
- Zuletzt gehören auch einige ‚weiche Faktoren' zum Rüstzeug eines erfolgreichen Projektmanagers. Das Wissen über die unvermeidbaren Phasen von Teambuilding-Prozessen oder den notwendigen Kompetenz-Mix in einem Projekt zählt genauso dazu wie Methoden des Konfliktmanagements. Da in Projekten oft Verhandlungen geführt werden, sei es mit Kunden oder Lieferanten, lohnt es sich, Methoden der Verhandlungsführung zu erlernen. Menschliches Fingerspitzengefühl ist dabei schon gut, aber nicht immer ausreichend.

Fazit: Kenntnisse des Projektmanagements gehören in der modernen Arbeitswelt zu den Kernkompetenzen für einen erfolgreichen Berufsstart als Ingenieur und Wirtschaftswissenschaftler. Da das Fach während der Ausbildung oft als eigenständiges Themengebiet nicht angeboten wird, können Sie sich nur im Selbststudium oder in geeigneten Seminaren eine solide theoretische Basis aus all diesen Methoden erarbeiten. Das tatsächliche Gefühl für die richtige Dosis des Methodeneinsatzes wird aber erst die Praxis bringen."

Die folgende Projekt-Checkliste der T.O.P. Business GmbH (www.topbusinessgmbh.com) gibt Ihnen einen Überblick über die zu beachtenden Aspekte bei der Projektarbeit.

Im Vorfeld des Projekts

- Kenne ich die Hintergründe des Projekts?
  - Bedeutung für das Unternehmen
  - Risiken bei Misserfolg
  - Erfahrungen mit ähnlichen Projekten
  - Verbindung mit anderen Projekten
  - Verbindung für die Linie
- Kenne ich die organisatorischen und terminlichen Bedingungen, im Rahmen derer das Projekt abgewickelt werden muss, und die daraus resultierenden Abwicklungsrisiken?
  - Ist der Auftraggeber informiert?
  - Wie hart sind die Ziele?
  - Gibt es Änderungsmöglichkeiten?
- Stehen die benötigten organisatorischen, menschlichen und technischen Ressourcen zur Verfügung?
  - Für die inhaltliche Projektarbeit
  - Für die Projektsteuerung

In der Planungsphase des Projekts

- Ist das Projektziel klar definiert?
  - Pflichtenhefte
  - Leistung (Art, Qualität)
  - Maximaler Kostenrahmen
  - Zeit
- Sind die Projektbeteiligten definiert und informiert?
  - Auftraggeber
  - Projektleiter
  - Projektteammitglieder
  - Fachabteilungen
  - Externe Projektbeteiligte
  - Vorgesetzte aller Beteiligten

- Sind Information, Kommunikation und Dokumentation geklärt?
  - Struktur der Projektakte
  - Kommunikationsstruktur
- Habe ich eine sinnvolle, delegierbare Projektstruktur?
  - Führt die Summe der Aktivitäten zum Gesamtziel?
  - Keine Redundanzen?
  - Keine „weißen Flecken"?
- Habe ich eine machbare zeitliche Gliederung?
  - Sind terminliche Zwänge zu berücksichtigen?
  - Zeitpuffer zur Risikominimierung
- Kenne ich die Risiken, habe ich vorgesorgt?
  - Prophylaxemaßnahmen
  - Katastrophenpläne
  - Besondere Beachtung der risikobehafteten Aktivitäten

In der Realisierungsphase des Projekts

- Habe ich für den Erfolg aller Arbeitspakete/Aktivitäten klare Messkriterien?
  - Woran messe ich die Erledigung?
  - Wie erfahre ich davon (Bring-/Holschuld)?
- Sind Termine für Steuerungs- und Sachentscheidungen klar definiert?
  - Projektfortschrittssitzungen
  - Meilensteinsitzungen
  - Entscheidungsbeteiligte
- Wie erfahre ich rechtzeitig von Problemen?
  - Early Warning
  - Problemlösungs- und Entscheidungstechniken

In der Abschlussphase des Projekts

- Ist geklärt, wie das Projektergebnis abgenommen werden soll (Abnahmeverfahren)?
- Ist das Projekt wiederauffindbar und rechtlich einwandfrei dokumentiert?
  - Abschlussbericht
  - Erfahrungsbericht
  - Lessons learned
- Ist der Verbleib von Personal und Equipment geklärt?
- Sind Folgeaktivitäten organisiert und sauber abgegrenzt (Schulung, Service usw.)?

3.1.3 Präsentations- und Moderationstechnik

Was die Fähigkeiten angeht, Präsentations- und Moderationstechniken einzusetzen, zeigen sich bei Berufseinsteigern ebenfalls meist große Defizite. Wer an einem Assessment-Center teilgenommen hat, wird sich an die verschiedenen Präsentations- und Diskussionsübungen erinnern, die darauf abzielen, diese überfachlichen Qualifikationen der Bewerber besser beurteilen zu können. Josef W. Seifert erläutert in seinem Buch „Visualisieren — Präsentieren — Moderieren" die Zielsetzung der Visualisierung. Es geht nicht darum, das gesprochene Wort zu ersetzen, sondern um folgende Aspekte:

- „Die Aufmerksamkeit der Empfänger zu konzentrieren
- Die Betrachter einzubeziehen
- Den Redeaufwand zu verkürzen
- Dem Publikum Orientierungshilfen zu geben
- Informationen leicht(er) erfassbar zu machen
- Wesentliches zu verdeutlichen
- Gesagtes zu erweitern und zu ergänzen
- Das Behalten zu fördern
- Zu Stellungnahmen zu ermuntern"

Für Präsentationen sind Flipchart und Whiteboard wichtige Hilfsmittel, auf denen sich Themen visualisieren lassen. Zudem werden mit PC und Beamer animierte Dateien zur Veranschaulichung dargestellt, am häufigsten Powerpoint-Präsentationen. Mit welchen Medien auch gearbeitet wird, immer ist es wichtig, einige Grundregeln zum Aufbau einer Präsentation zu beachten. Hierbei spielen folgende Fragen eine Rolle.

CHECKLISTE für Präsentationen

- Wer ist mein Publikum?
- Welche Erwartungshaltung haben die Zuhörer?
- Welches Ziel verfolge ich mit dem Vortrag?
- Welche Medien will ich einsetzen?

Zur Vorbereitung Ihrer Präsentation sollten Sie das zur Verfügung stehende Material sichten und die Grafiken und Informationen auswählen, die Sie in der Präsentation verwenden wollen.

- Welche Daten sind aussagekräftig?
- Was will ich einsetzen (zum Beispiel Text, Grafiken, Videos)?
- Wie viel Zeit steht zur Verfügung?

Wenn Sie mit Laptop und Beamer arbeiten, empfiehlt es sich, einen Satz Folien für den Notfall zur Verfügung zu haben. Um eine Präsentation nicht mit

Schaubildern zu überladen, sollte maximal eine Folie pro zwei Minuten Redezeit verwendet werden. Zu beachten ist darüber hinaus, dass sich eine Präsentation immer aus Einleitung, Hauptteil und Schluss zusammensetzt.

Ablauf einer Präsentation

Der erste Punkt der Einleitung ist die Begrüßung. Anschließend werden das Ziel der Präsentation erläutert, die Gliederung vorgestellt und Modalitäten zum Ablauf geklärt, zum Beispiel die Dauer und ob Fragen während oder erst nach der Präsentation gestellt werden sollen. Im Hauptteil der Präsentation folgen die inhaltlichen Argumente, die sich hieraus ergebenden Schlussfolgerungen sowie die Resultate und das Fazit. Der Schluss der Präsentation dient dazu, die Zuhörer zum Handeln aufzufordern, damit das Ziel der Präsentation auch erreicht wird. Die Amerikaner beschreiben diese klassische Vortragstechnik mit den Worten: „First I'm going to tell you, what I'm going to tell you, then I tell you, and at the end I will tell you what I told you.“ Außerdem sind die folgenden Tipps für das Präsentieren hilfreich.

TIPPS

- Lassen Sie sich auch bei kontroversen Diskussionen, die sich im Rahmen der Präsentation ergeben können, nicht provozieren. Selbst wenn Sie sich persönlich angegriffen fühlen, gilt es, die Fassung nicht zu verlieren. Je souveräner und sicherer Sie sich bei der Präsentation fühlen, umso besser wird Ihnen das gelingen. Gehen Sie sachlich auf die Fragen und Bemerkungen ein. Achten Sie darauf, dass Sie bei Zwischenfragen nicht die wesentlichen Inhalte Ihrer Präsentation aus den Augen verlieren. Seien Sie innerlich bereit, sich mit den Anmerkungen auseinanderzusetzen und daraufhin auch Ihr eigenes Konzept kritisch zu durchleuchten.
- Achten Sie auf die zur Verfügung stehende Zeit. Es gilt der alte Grundsatz: Man kann über alles reden, nur nicht über eine Stunde.
- Halten Sie intensiven Blickkontakt zu den Zuhörern und schauen Sie bei der Beantwortung von Zwischenfragen den Fragesteller gezielt an. Sie sollten ruhig vor Ihrem Publikum stehen. Achten Sie auf eine unterstützende Körpersprache. Am besten legen Sie die Hände ganz locker ineinander, etwa in Bauchhöhe. Das ist eine gute Ausgangsposition für Gesten, die das gesprochene Wort unterstreichen. Stehen Sie möglichst frei, das Anlehnen an einen Tisch oder an das Flipchart engt Ihren Bewegungsspielraum ein. Wechseln Sie ab und zu Ihren Standort, denn Bewegung erhöht die Spannung beim Publikum. Dazu trägt auch der Einsatz unterschiedlicher Medien bei. Ihre Positionswechsel sollten allerdings nicht in hektisches Umherwandern ausarten.

- Setzen Sie Medien zur Veranschaulichung ein, aber drehen Sie den Zuhörern nie den Rücken zu, wenn Sie gerade reden, weil Sie zum Beispiel etwas an das Flipchart schreiben wollen.
- Sprechen Sie deutlich und artikuliert. Sorgen Sie durch verschiedene Lautstärken, Intonation und Sprechgeschwindigkeit für Abwechslung und heben Sie dabei wichtige Dinge hervor.
- Wiederholen Sie im Schlussteil der Präsentation die wichtigsten Inhalte kurz und verbinden Sie diese Zusammenfassung mit den konkreten Handlungsaufforderungen.

Ein guter Präsentator beherrscht jedoch nicht nur den Umgang mit den genannten Medien, sondern bezieht auch auf unterhaltsame Art und Weise die Teilnehmer mit ein. Während die meisten Berufseinsteiger Powerpoint-Folien und Flipcharts kennen, sind Moderationsmaterialien wie Pinnwand und Metaplankarten eher weniger vertraut. Deren Einsatz bietet den Vorteil, dass die Teilnehmer aktiv integriert werden können — das ist zum Beispiel insbesondere bei Workshops sinnvoll. Sie schreiben ihre Beiträge auf Metaplankarten und bringen sie für alle sichtbar an der Pinnwand an. Dieser Weg ist auch deshalb hilfreich, weil der Moderator nur äußerst selten ein fachlicher Experte zu den Themen ist, die in Workshops bearbeitet werden. Um die Kosten für Moderationsleistungen überschaubar zu halten, bilden manche Unternehmen Mitarbeiter gezielt in der Moderationstechnik aus, um für In-House-Moderationen auf sie zurückgreifen zu können. Dies hat auch damit zu tun, dass in immer mehr Unternehmen Entscheidungsprozesse unter intensiver Beteiligung der Mitarbeiter ablaufen. Dazu müssen eine Vielzahl von Besprechungen oder Workshops stattfinden. Diese gilt es professionell vorzubereiten, um maximale Ergebnisse zu erzielen.

Je nach Anlass können nicht nur Anekdoten und das Plaudern aus dem Nähkästchen Workshops auflockern, sondern auch Spiele und Präsentationen. Da dazu Übung notwendig ist, empfiehlt es sich, jede Gelegenheit zu nutzen, um Erfahrungen als Moderator zu sammeln und sich entsprechende Kompetenzen anzueignen. Mit zunehmender Verantwortung werden Sie verstärkt Workshops und ähnliche Veranstaltungen leiten. Hier hat derjenige einen Vorteil, der bereits über Routine in diesem Bereich verfügt und souverän auftreten kann.

3.2 Flexibilität

Auch Unternehmen sind gefordert, ihre Strukturen und Abläufe ständig zu überdenken und zu optimieren, um sie an verändernde Anforderungen anzupassen. Kapitel 2 hat Ihnen schon einen Überblick über unterschiedliche Organisationsformen gegeben und die Notwendigkeit der Organisationsentwicklung erläutert. Es nützt allerdings wenig, wenn sich zwar die Strukturen ändern, die Personen, die in diesen Systemen arbeiten sollen, aber nicht bereit für Neuerungen sind. Flexibilität ist eine Anforderung, ohne die es unter den geltenden Rahmenbedingungen der Wirtschaft nicht mehr geht. Nichts ist so beständig wie der Wandel — und der erfordert nun mal Flexibilität und Offenheit.

Geistige Flexibilität

Diese Form der Flexibilität erfordert die Bereitschaft, eingefahrene Bahnen zu verlassen und sich für neue Abläufe, Entwicklungen und Vorgehensweisen zu öffnen. „Das haben wir schon immer so gemacht“: Dieses K.o.-Kriterium haben Sie während Ihrer Einarbeitung vielleicht auch zu hören bekommen, als Sie mit neuen Ideen auf langjährige Mitarbeiter zugingen. Wenn Sie die Einarbeitungsphase hinter sich gelassen haben und Abläufe und Strukturen beurteilen können, ist es geradezu Ihre Pflicht, neue Ideen einzubringen und Altes kritisch zu hinterfragen. Mit dem Einstellen junger, unvoreingenommener Mitarbeiter verbindet ein Unternehmen ganz klar die Erwartung, dass alte Zöpfe abgeschnitten werden und neue innovative Ideen aufkommen. Wenn nicht Sie als neuer Mitarbeiter hier Anstöße geben, wer dann?

Zeigen Sie geistige Flexibilität, denken Sie über verschiedene Alternativen nach, wie eine Aufgabe angegangen werden kann. Machen Sie Vorschläge und probieren Sie Neues in Abstimmung mit Vorgesetzten oder den Mitgliedern Ihres Arbeitsteams aus. Natürlich werden Sie dabei Fehler machen, Bruchlandungen erleben und erkennen müssen, dass manches vielleicht doch nicht so funktioniert, wie Sie sich das theoretisch vorgestellt haben. Wer arbeitet, macht Fehler, dies wird auch Ihnen zugebilligt. Fehler sind sogar Teil eines Lernprozesses, der notwendig ist, um Erfahrung zu sammeln. Misserfolge lassen sich nicht vermeiden, wenn Sie neue Wege gehen, doch entscheidend ist, dass Sie aus den Fehlern lernen und diese nicht ständig wiederholen.

Geistige Flexibilität heißt auch, für andere Denkweisen und Kulturen offen zu sein. In unserer globalisierten Wirtschaft treffen wir auf eine Vielzahl von Kulturen und Mentalitäten. Toleranz und interkulturelle Kompetenz sind hier die Schlüsselwörter. Die Zusammenarbeit mit Menschen aus unterschiedlichen Kulturen, mit unterschiedlicher Vorbildung und Mentalität erfordert Flexibilität, um sich in deren Sprache und Denkweise hineinzuversetzen. Es macht einen Unterschied, ob Sie mit einem Team aus Chemikern, einer Gruppe aus Verkäufern oder in einem interdisziplinären Team gemeinsam Ziele erreichen sollen und wollen.

Viele Menschen versuchen, anstehende Sachfragen in bestimmte Schemata einzuordnen, in Kategorien von Fällen, die schon zuvor aufgetreten sind. So suchen sie nach passenden Lösungsmustern. Dieses Verhalten hat zum einen den Vorteil, dass man nicht jedes Mal das Rad wieder neu erfindet, sondern mit den eigenen Ressourcen und der Zeit von Kollegen schonend umgeht, indem man sich an vorhandenen Verhaltens- und Entscheidungsbeispielen orientiert. Allerdings gibt es auch Menschen, die über dieses Stadium nie hinauskommen und jedes anstehende Problem mit einer Patentlösung nach Schema F abarbeiten wollen. Dieses Verhalten ist dazu geeignet, sämtliche Innovationsansätze im Vorfeld zu unterdrücken und damit wichtige Optimierungsmöglichkeiten zu verspielen. Daher sollten Sie, sobald Sie sich in Ihrem Aufgabenbereich eingearbeitet haben und Zusammenhänge für Sie transparent sind, frühere Verfahren kritisch hinterfragen und nicht einfach nur gedankenlos fortführen — selbst wenn Ihnen das so vorgelebt wird.

Geistige Flexibilität ist ein hohes Gut, das leider mit zunehmender Routine und eingefahrenen Bahnen schnell verloren gehen kann. Bewahren Sie sich diese Fähigkeit, indem Sie sich bewusst neuen Herausforderungen stellen und die uns angeborene Neugierde als Motor betrachten.

Wenn von geistiger Flexibilität die Rede ist, geht es auch darum, sich von festgefahrenen Karrieremustern zu verabschieden. Stattdessen empfiehlt es sich, die eigene berufliche Entwicklung zwar nicht völlig planlos, aber, was die inhaltliche Gestaltung betrifft, offen anzugehen. Wer die ganz sichere Festanstellung sucht und bereits heute wissen will, wie sein Arbeitsplatz in zehn Jahren aussieht, wird in den sich ständig verändernden Strukturen schnell den Boden unter den Füßen verlieren. Beschäftigungsformen wie befristete Arbeitsverhältnisse, freie Mitarbeit, Einsätze über Zeitarbeit oder die Selbstständigkeit gewinnen immer mehr an Bedeutung. Karrieren werden bunter, individueller und verlaufen weniger geradlinig.

Mobilität und Auslandseinsatz

Kamen Menschen noch vor 100 Jahren so gut wie nie aus Ihrem Dorf oder ihrer unmittelbaren Umgebung heraus, ist es für uns heute nahezu selbstverständlich, im Urlaub in die USA zu fliegen oder übers Wochenende mal kurz nach Paris zu fahren. Reisen ist des Bundesbürgers liebstes Hobby, wie die Freizeitforscher ermittelt haben, und die Touristikbranche kann selbst in Zeiten mit geringem Wirtschaftswachstum Steigerungszahlen vermelden. Wir sind also deutlich mobiler geworden.

Wenn man jedoch nach der Bereitschaft der Erwerbstätigen fragt, für eine neue Stelle einen Wohnortwechsel in Kauf zu nehmen, ist deutliche Zurückhaltung spürbar. Die Flexibilität im Zusammenhang mit der Wohnortwahl ist in Deutschland noch eher gering ausgeprägt. Sicherlich gibt es gute Gründe, warum man seinen bisherigen Wohnort und Lebensmittelpunkt nicht verlassen will: den Lebenspartner und dessen Berufstätigkeit, Freunde, den Sportverein, die Stammkneipe, möglicherweise die preiswerte Wohnung bei den Eltern, das „Hotel Mama“ mit all seinen Annehmlichkeiten. Dem gegenüber steht die Anforderung der Berufswelt nach räumlicher Flexibilität, sprich Mobilität. Für die Mehrzahl der internationalen Konzerne ist diese Eigenschaft ein Muss-Kriterium beim Einstellen von Nachwuchskräften. Mobilität wird verstärkt eine Voraussetzung sein, um sich beruflich weiterentwickeln zu können, denn die Zeit der Kaminkarrieren, die sich innerhalb eines Funktionsbereichs an einem Standort vollziehen, ist endgültig vorbei.

Wer bereit ist, einen Ortswechsel in Kauf zu nehmen, dem eröffnen sich oft ungeahnte Chancen, diese gilt es zu nutzen. Die deutsche Wiedervereinigung war eine solche Gelegenheit: Vor allem vielen jungen Nachwuchskräften aus dem Westen bot sich damit die Möglichkeit, Verantwortung in einem Umfang zu übernehmen, wie es ansonsten vollkommen undenkbar gewesen wäre. Wer sich hier flexibel zeigte, Pioniergeist bewies und in den Osten zog, dem taten sich echte Perspektiven auf. Auf den Wachstumsmärkten in Asien eröffnen sich auch heute noch solche Chancen.

Mobilität und Flexibilität haben nicht nur unter beruflichen Gesichtspunkten Vorteile. Die Herausforderung, sich in einem veränderten Umfeld zurechtzufinden, einen neuen Freundeskreis aufzubauen, ohne alte Beziehungen ganz fallen zu lassen, oder überhaupt zum ersten Mal wirklich auf eigenen Beinen zu stehen, sorgt für wichtige Schritte in der Persönlichkeitsentwicklung und -festigung. Wer von sich weiß, dass er diese großen Herausforderungen bereits einmal gemeistert hat, wird auch in Zukunft an sich glauben. Jede Veränderung ist mit einer Horizonterweiterung verbunden, mit neuen Eindrücken, die festgefahrene Denkbahnen aufbrechen lassen und uns offen macht für innovative Ideen.

Sicherlich sollte man bei diesen Überlegungen nicht die Schattenseiten verschweigen, die Mobilität mit sich bringen kann. Wer zum Beispiel in der Beratungsbranche an ständig wechselnden Einsatzorten arbeitet, wird feststellen, wie schwierig es ist, einen privaten Freundeskreis aufrechtzuerhalten und zu pflegen. Das Aufgeben liebgewordener Gewohnheiten, die anfängliche Leere am neuen Standort, vielleicht auch das Ende einer Beziehung und die zusätzlichen Belastungen, die ein Wohnortwechsel wegen administrativer Dinge mit sich bringt, das alles sind Bedenken, die in diesem Zusammenhang zurecht geäußert werden. In den USA, wo die Mobilität in einem weit größeren Ausmaß gelebt wird, übernehmen beispielsweise Kirchen und Glaubensgemeinschaften eine wichtige Funktion, wenn es darum geht, sich an einem neuen Standort sozial zu integrieren und Anschluss zu finden. Auch die Mitgliedschaft in einem Verein, einem Fitnesscenter, einer politischen Partei oder einem Verband kann ein Türöffner für soziale Kontakte sein. In jedem Fall ist es wichtig, dass Sie selbst aktiv werden, Veranstaltungen besuchen und damit Initiative zeigen. Wer nur darauf wartet, dass andere auf ihn zukommen, wird es schwer haben, am neuen Standort Anschluss zu finden.

Für eine noch weitreichendere Veränderung sorgt ein Auslandsaufenthalt. War die Entsendung in andere Länder in der Vergangenheit noch wenigen Einzelnen vorbehalten, die das Wissen aus dem deutschen Stammhaus in die Regionalgesellschaften tragen sollten, findet heute auf breiter Front ein Mitarbeiteraustausch statt. Jeder, der bereits längere Zeit im Ausland gelebt hat, weiß, dass sich dies deutlich anders gestaltet als die Auslandserfahrungen während einer Reise. Erst wenn Sie ganz in den Alltag des Gastlandes eintauchen, werden Sie die wirklichen Unterschiede hautnah erleben.

Trotz geöffneter Grenzen in der Europäischen Union und zahlreicher Doppelbesteuerungsabkommen mit weiteren Staaten erfordert der Auslandseinsatz immer noch starke Nerven, viel Geduld und enorme Zähigkeit, vor allem wenn es um die Überwindung arbeits-, sozial- und steuerrechtlicher Hürden geht. Die nationalen Vorschriften und Regelungen sowie deren internationale Harmonisierung hinken den Anforderungen aus der Wirtschaft an einen reibungslosen internationalen Mitarbeiteraustausch enorm hinterher. Ich habe während meiner Tätigkeit im Personalwesen über mehrere Jahre Mitarbeiter ins Ausland entsandt und auch selbst erfahren, was es bedeutet, mit einer Familie in ein anderes Land zu ziehen, um dort zu leben. Diese Erfahrungen waren sehr lehrreich und sie haben mich darin bestärkt, wie wichtig es ist, die Familie von Anfang an in die Vorbereitungsmaßnahmen intensiv einzubeziehen. Trotz des hohen Aufwands, der mit dem Auslandsaufenthalt verbunden war, möchte ich diese Zeit um nichts in der Welt missen. Sowohl unter beruflichen wie auch persönlichen Gesichtspunkten war es eine Bereicherung, für die ich sehr dankbar bin.

HINWEIS

Entscheidend ist, mit welcher Einstellung Sie an ein solches Vorhaben herangehen. Wer diesen Schritt gegen massive Widerstände der Familie nur aus Karrieregründen durchziehen will, dem sei eher abgeraten. Wer dagegen offen und mit einer positiven Grundeinstellung die Herausforderung annimmt und bereit ist, dafür den notwendigen Einsatz zu bringen, kann unvergleichliche Erfahrungen machen, die ihn für sein ganzes weiteres Leben prägen werden.

Wenn Sie über einen Auslandseinsatz nachdenken, sollten Sie dies frühzeitig im Unternehmen kommunizieren. Mit Ende Zwanzig ist es sicherlich noch einfacher für zwei bis drei Jahre ins Ausland zu gehen, als wenn Sie durch eine Familie — immer öfter auch durch pflegebedürftige Eltern —, eventuell ein eigenes Haus oder sonstige Verpflichtungen stärker an die Heimat gebunden sind. Wenn ich zurückblicke und an meine Studienkollegen denke, die alle nach dem Diplom so schnell wie möglich ins Ausland wollten, ist die Bilanz ernüchternd. Von 16 Kommilitonen haben sich letztendlich bisher vier für einen Auslandseinsatz entschieden. Für viele war dieses Thema ganz einfach abgeschlossen, nachdem sie sich eine eigene Immobilie angeschafft und eine Familie gegründet hatten; entsprechende Angebote wurden ausgeschlagen. Heute dürfte es teilweise schwierig sein, Auslandseinsätze abzulehnen, da dies das Ende nicht nur der beruflichen Weiterentwicklung, sondern sogar der Mitarbeit im Unternehmen bedeuten kann. Die Arbeitgeber setzen auf Mobilität, ja sie fordern sie verstärkt ein. Wer hier zu wenig Bereitschaft zeigt, gerät leicht ins Aus.

Risikobereitschaft

Heute ist sehr viel von unternehmerischem Denken die Rede, davon, dass Mitarbeiter als Unternehmer im Unternehmen denken und handeln sollen. Das hat damit zu tun, dass sich die Arbeitsstrukturen verändern, Hierarchien abgebaut werden und die einzelnen Mitarbeiter mehr Verantwortung tragen. Unternehmerisches Denken bedeutet unter anderem, sich den Anforderungen des Marktes zu stellen, flexibel darauf zu reagieren und bereit zu sein, Risiken auf sich zu nehmen, um Erfolge erzielen zu können. Risikobereitschaft darf nicht mit Leichtsinn verwechselt werden, mit unüberlegtem Aktionismus und dem leichtfertigen Ignorieren von Gefahren. Risikobereitschaft ist das gut durchdachte Inkaufnehmen von Gefahren, die zuvor gegen die sich bietenden Chancen abgewogen wurden.

Unternehmen beklagen zum Teil den Mangel an Risikobereitschaft gerade bei jüngeren Mitarbeitern. Es bestünde eine Anspruchshaltung, dass alles mundgerecht zubereitet und auf einem Silbertablett serviert werden solle, fein säuberlich ohne

Gräten, eben ohne Gefahr, sich zu verschlucken. Auch Berufsstarter möchten in der Regel genau wissen, wie ihre weitere berufliche Karriere aussieht und welche konkreten Positionen dabei vorgesehen sind. Dass verbindliche Aussagen hierzu in der Praxis kaum möglich sind, hat mit den sich ständig verändernden Strukturen zu tun und mit der Ungewissheit, wie das Unternehmen in zwei oder drei Jahren dastehen wird. Angesichts der potenziellen Möglichkeiten von Unternehmenszusammenschlüssen, Zukäufen anderer Unternehmen, dem Outsourcing oder auch dem Verkauf von Teilbereichen des Unternehmens fällt eine solche Prognose extrem schwer.

Die Bereitschaft, Risiken einzugehen, hat zudem etwas mit Selbstbewusstsein und der inneren Überzeugung zu tun, den Erwartungen auch in Zukunft gerecht werden zu können. Wer gute Leistungen bringt und das weiß, braucht keine Garantien und keinen doppelten Boden. Er kann ohne Existenzangst auch Risiken eingehen, denn er hat das sichere Gefühl, dass sich andere Alternativen auftun, sollte etwas einmal nicht so laufen wie eigentlich vorgesehen. Mangelnde Risikobereitschaft ist auch immer ein Zeichen von Angst, den eigenen Status zu verlieren, nochmals klein anfangen zu müssen oder gar nicht mehr mitspielen zu dürfen. Sich auf Unbekanntes einzulassen erfordert Mut. Mut, sich einer Aufgabe zu stellen, auch wenn die Rahmenbedingungen nicht bis ins letzte Detail bekannt sind und Risiken lauern. Wirklich erfolgreiche Menschen haben gelernt, mit Rückschlägen fertig zu werden und dennoch mit neuem Mut wieder anzufangen. Das hängt sehr eng mit der inneren Grundeinstellung zusammen.

So braucht auch derjenige, der ein eigenes Unternehmen gründen möchte, Risikobereitschaft. In Deutschland fällt auf, dass die Quote der Existenzgründer trotz finanzieller Anreize immer noch geringer ist als im europäischen Vergleich. Das hat sicher damit zu tun, dass ein Unternehmensgründer nicht mit dem Geld des Arbeitgebers wirtschaftet, sondern mit seinem eigenen Geld, sehr häufig finanziert durch Kredite. Hinzu kommt, dass Risikobereitschaft durch Rahmenbedingungen gefördert oder unterdrückt werden kann. Hat beispielsweise ein Unternehmer in den USA ein Geschäft gegründet und damit eine Bauchlandung erlitten, wird das zwar zur Kenntnis genommen, er kann jedoch relativ leicht wieder ein neues Unternehmen gründen, ohne durch den Konkurs sein Leben lang gebrandmarkt zu sein. In Deutschland hingegen hat eine geschäftliche Niederlage, die mit einem Vergleich oder Konkurs endet, immer noch den Makel des Versagens. Die betreffende Person wird damit immer wieder konfrontiert werden und sich nur mit großen Schwierigkeiten eine neue Existenz aufbauen können.

Dies führt zu der Schlussfolgerung, dass die Rahmenbedingungen sich ändern müssen, um die notwendigen Freiräume zu schaffen, wenn wir mehr Unternehmer im

Unternehmen brauchen und haben wollen. Wenn Sie also gewillt sind, Ihre Risikobereitschaft unter Beweis zu stellen, sollten Sie darauf achten, dass die erforderlichen Ressourcen und Spielräume zur Verfügung stehen. Und: Wer Risiken eingeht, sollte einen Anreiz, sprich eine Belohnung für Erfolg, in Aussicht gestellt bekommen.

TIPP

Wenn eine Aufgabe an Sie herangetragen wird, die Risikobereitschaft verlangt, gilt: Statt sich in endlose Diskussionen mit Ihrem Vorgesetzten über Absicherungsstrategien verstricken, ist es sinnvoller, darauf zu achten, dass Ihnen die entsprechenden finanziellen und personellen Ressourcen zur Verfügung gestellt werden. Nur dann haben Sie eine realistische Chance, das gesteckte Ziel zu erreichen.

3.3 Weiterqualifizierung

Im Zusammenhang mit der Analyse der eigenen Kompetenzfelder haben Sie erfahren, wie wichtig eine Standortbestimmung ist. Hier knüpft nun die Frage der Weiterqualifizierung an. Voraussetzung ist die Bereitschaft, kontinuierlich die eigene Qualifikation an die Anforderungen des Arbeitsmarkts anzupassen. Um dazu in der Lage zu sein, müssen Sie zuerst die Anforderungen kennen und diese mit Ihrem Qualifikationsprofil, das sich bei der Standortbestimmung ergeben hat, abgleichen. Die Abweichung zeigt den Weiterqualifizierungsbedarf an, der je nach Zielposition unterschiedlich ausfallen kann.

Zunächst geht es darum, den bereits erworbenen Qualifizierungsstand zu erhalten, also sich bezogen auf Ihren derzeitigen Arbeitsplatz weiterzubilden. Nur so können Sie den wachsenden Anforderungen weiterhin gerecht werden. Viele Menschen glauben immer noch, dass das, was sie einmal gelernt haben, für ihr ganzes weiteres berufliches Leben ausreicht. Doch bereits das Aufrechterhalten des Status quo erfordert Anstrengungen, um nicht Gefahr zu laufen, den bisherigen Arbeitsplatz nicht mehr voll ausfüllen zu können. Wer jedoch mehr Verantwortung übernehmen sowie neue Arbeitsgebiete und Themen kennenlernen will, der muss sich darüber bewusst sein, dass er zusätzliche Mühen in puncto Weiterqualifizierung auf sich nehmen muss.

Der Qualifizierungsbedarf umfasst sowohl die allgemeine Weiterqualifizierung, zum Beispiel den Umgang mit gängiger Anwendersoftware oder grundlegende methodische Kenntnisse. Hinzu kommt der fach- oder funktionsspezifische Weiterbildungsbedarf. Der bezieht sich auf die kontinuierliche Auseinandersetzung mit neuesten Erkenntnissen aus dem Fachgebiet sowie auf spezifische Methoden, die das jeweilige Arbeitsgebiet betreffen. Welche Schwerpunkte bei der Weiterqualifizierung im Vordergrund stehen, hängt natürlich sehr stark davon ab, in welche Richtung sich der Einzelne orientieren will. Ein Entwicklungsingenieur, der sich verstärkt mit Product Data Management (PDM) beschäftigen will, also mit der systematischen Speicherung und Aufbereitung von technischen Datenbeständen, hat sicherlich einen anderen Weiterqualifizierungsbedarf als sein Kollege, der sich die Entwicklung von in Produkten integrierter Software (Embedded Software) zum Ziel gesetzt hat. Wer sich in erster Linie in der Rolle eines Projektleiters sieht, wird wiederum eine andere Ausrichtung seiner Weiterqualifizierung wählen.

3.3.1 Formen der Weiterbildung

Weiterqualifizierung bedeutet heute nicht mehr ausschließlich, ein entsprechendes Seminar zu besuchen. Nicht zuletzt aufgrund der technischen Möglichkeiten bietet sich mittlerweile eine enorme Vielfalt an Maßnahmen, um sich weiterzuqualifizieren. Dazu gehören unter anderem die folgenden:

- Job-Enlargement
- Job-Enrichment
- Projektarbeit
- Selbststudium
- Workshops, Seminare
- Fallstudien, Simulationen
- Interaktives Distanz-Lernen
- Videotrainings
- Blended Learning
- Outdoor-Training
- Job-Rotation
- MBA und Aufbaustudium
- Coaching
- Konferenzen und Tagungen

Job-Enlargement

Beim Job-Enlargement übernehmen Sie zusätzliche Aufgaben, die entweder unmittelbar an Ihr derzeitiges Arbeitsgebiet angrenzen oder ein ganz anderes Aufgabengebiet betreffen können. Sie erweitern so Ihre Expertise und Ihren Erfahrungsschatz.

Job-Enrichment

Indem Sie beispielsweise mehr Verantwortung in Ihrem derzeitigen Arbeitsgebiet übernehmen, erhöhen Sie Ihren Entscheidungsrahmen. Job-Enrichment kann auch die Ausdehnung Ihres bisherigen Arbeitsgebiets auf angrenzende Bereiche bedeuten.

Projektarbeit

Durch Mitarbeit in Projekten, gegebenenfalls auch durch das Übernehmen einer Projektleitungsfunktion über einen begrenzten Zeitrahmen, eröffnet sich die Möglichkeit, mit anderen Unternehmensbereichen in Kontakt zu kommen. So können Sie sich zusätzliche Kenntnisse und Erfahrungen aneignen.

Selbststudium

Dieser klassische Weg, sich neue Themengebiete mit Fachliteratur zu erschließen, sollte nach wie vor beschritten werden. Firmeninterne Intranets sowie das Internet bieten hier nahezu unerschöpfliche Möglichkeiten.

Workshops, Seminare

Dieser trainerbezogene, in der Vergangenheit üblichste Ansatz in Unternehmen, um den Mitarbeitern Wissen und Kenntnisse zu vermitteln, ist nach wie vor verbreitet. Die Maßnahmen werden jedoch aus Zeit- und Kostengründen verstärkt durch interaktives Distanz-Lernen ersetzt oder zumindest ergänzt. Für verhaltensbezogene Themen wie Teambildung und Kommunikation steht das Seminar nach wie vor an erster Stelle.

Fallstudien, Simulationen

Mit dem Ansatz der Case Studies, den besonders Business-Schools verfolgen, werden die Teilnehmer in realitätsnahe Situationen versetzt, in denen sie zu Übungszwecken bestimmte Aufgabenstellungen bearbeiten sollen. Simulationen und Planspiele werden verstärkt PC-gestützt durchgeführt mit dem Ziel, den Realitätsbezug zu verstärken und Kosten zu reduzieren.

Interaktives Distanz-Lernen

Die neuen Medien machen es möglich, dass Trainer und Teilnehmer nicht mehr am gleichen Ort sein müssen, um interaktiv ein Thema zu erarbeiten. In mit PC, Kamera und Mikrofon ausgestatteten Seminarräumen, die über das Internet miteinander verbunden sind, können Trainer und Teilnehmer miteinander kommunizieren und gemeinsam zeitgleich am selben Dokument arbeiten. Dies ist eine kostengünstige Ergänzung, teilweise auch Alternative zu klassischen Seminaren.

Videotrainings

Unternehmen gehen verstärkt dazu über, Videos für Lehrzwecke entweder von Anbietern zuzukaufen oder in speziellen Fällen selbst zu produzieren. Gerade in Bezug auf den Service und Kundendienst im Kfz-Bereich ist dies eine weit verbreitete Form, um zum Beispiel den Wissenstransfer zu den Mitarbeitern in den Händlerorganisationen sicherzustellen.

Blended Learning

Webinare und Videotrainings kombiniert mit Präsenzseminaren und anderen Lernformen werden unter dem Begriff „Blended Learning" geführt. Dabei verbinden sich die Vorzüge der unterschiedlichen Medien, zum Teil können die Teilnehmer ihrem individuellen Lerntempo folgen und bestimmte Module zeitlich flexibel nutzen.

Outdoor-Training

Diese erlebnisorientierte Lernform hält mehr und mehr Einzug, wenn es um die Entwicklung von Teamfähigkeit und die Steuerung von gruppendynamischen Prozessen geht. Die auch als „Überlebenstraining" bekannten Veranstaltungen dauern in der Regel mehrere Tage und sollen in erster Linie das Zusammenwachsen von Teams unterstützen.

Job-Rotation

Der gezielte Wechsel zwischen unterschiedlichen Funktionen in einem Unternehmen stellt unter dem Begriff Job Rotation eine Qualifizierungsmaßnahme dar. Das Sammeln von Erfahrung und die Möglichkeit, aus verschiedenen Blickwinkeln des Unternehmens Themen betrachten zu können, sprechen für diese Qualifizierungsform. Teilweise beinhaltet Job-Rotation sogar einen Auslandseinsatz.

MBA und Aufbaustudium

Der Abschluss Master of Business Administration (MBA) gewinnt stark an Beliebtheit. Kaum eine Hochschule, die nicht ein entsprechendes Programm anbietet. Charakteristisch ist der hohe Praxisbezug, der mit sogenannten Case Studies, also Fallbeispielen aus der Praxis, sichergestellt werden soll. Gerade für Nicht-Wirtschaftswissenschaftler ist der MBA eine gute Zusatzqualifizierung. Andere Aufbaustudiengänge, die teilweise berufsbegleitend angeboten werden, können ebenfalls eine sinnvolle Ergänzung sein.

Coaching

Das Coaching hat sich zum festen Bestandteil im Weiterbildungsportfolio der Unternehmen entwickelt. Es stellt eine sinnvolle Begleitung und Unterstützung insbesondere bei der Bewältigung beruflicher Veränderungsprozesse dar. Ein erfahrener Coach hilft, das eigene Verhalten zu reflektieren und Handlungsalternativen zu entwickeln, um in zukünftigen Situationen souveräner agieren zu können.

Konferenzen und Tagungen

Die Teilnahme an Konferenzen und Tagungen ist nicht nur unter dem Aspekt der Wissenserweiterung und -auffrischung hilfreich, sondern bietet auch die Gelegenheit, innerhalb einer bestimmten Branche oder eines Fachgebiets Kontakte zu knüpfen.

3.3.2 Werden Sie selbst aktiv

Warten Sie nicht darauf, dass Ihnen Ihr Arbeitgeber Qualifizierungsmaßnahmen oder Informationen anbietet. Informieren Sie sich stattdessen aktiv über die Möglichkeiten und sprechen Sie Ihren Vorgesetzten oder die zuständige Kontaktperson im Personalbereich an. Weiterqualifizierung ist nicht nur eine Aufgabe der Unternehmen, Sie selbst sollten auch bereit sein, einen Beitrag dazu zu leisten, indem Sie einen Teil Ihrer Freizeit dafür verwenden. Ihre Arbeitskraft und Ihre Handlungskompetenz sind letztendlich Ihr persönliches Kapital, das Sie in ein Unternehmen einbringen. Wenn Sie diesen Grundstock nicht erhalten und ausbauen, besteht die Gefahr, dass Sie Ihre Attraktivität für Ihren Arbeitgeber, aber auch für den externen Arbeitsmarkt verlieren.

In großen Unternehmen werden sowohl interne als auch externe Qualifizierungsmaßnahmen angeboten. Meist gibt der Vorgesetzte oder ein wohlmeinender Kollege den Tipp, eine bestimmte Weiterbildungsveranstaltung zu besuchen, aber auch eigene Vorschläge, vor allem bei erkannten Defiziten, sind sinnvoll. Die Kosten für eine interne Weiterbildung gehen zulasten des Unternehmens. Von den Interessenten wird im Gegenzug erwartet, dass sie teilweise auch ihre Freizeit zur Verfügung stellen. Machen Sie sich klar, dass Sie mit Weiterbildung nicht zuletzt Ihren Arbeitsplatz absichern.

Externe Weiterbildung muss, wenn dafür Kosten auf das Unternehmen zukommen und eventuell Arbeitszeit benötigt wird, unbedingt mit dem Vorgesetzten abgestimmt werden. Häufig ist es taktisch klug, eine einschlägige Qualifizierungsmaßnahme zunächst in der Freizeit unter eigener Kostenträgerschaft durchzuführen und dann mit dem erworbenen Zertifikat zum Vorgesetzten zu gehen. So zeigen Sie Initiative und Engagement sowie die Bereitschaft zur Evaluierung und Beseitigung eigener Defizite. Es ist durchaus möglich, dass das Unternehmen die Kosten auch im Nachhinein zumindest teilweise übernimmt.

ARBEITSHILFE ONLINE

ÜBUNG 13: Ihr Weiterbildungsplan

Erstellen Sie für sich einen Weiterbildungsplan und erarbeiten Sie Argumentationshilfen, wie Sie ihn Ihrem Vorgesetzten präsentieren.

3.4 Tipps für den Erfolg aus erster Hand

Um Tipps für den Erfolg aus erster Hand von einem Manager zu erhalten, habe ich Herrn Gerhard Hinterberger, Vertriebsvorstand der Schwäbisch Hall Bausparkasse, einige Fragen gestellt.

Aus der Praxis: Expertenwissen

So mancher Berufsstarter träumt davon, irgendwann einmal im Chefsessel Platz zu nehmen. Gibt es ein Patentrezept für Karriere?
Ich persönlich glaube nicht an ein Patentrezept für die Karriereentwicklung. Es gibt zu viele Einflussfaktoren, Rahmenbedingungen bis hin zum Quäntchen Glück, die heute auf den Karriereweg einzahlen. Es gibt genügend Beispiele von Managern, die sich mühsam in kleinen Schritten über viele Etappen auf der Karriereleiter nach oben gearbeitet haben, und andere, die recht schnell, etwa direkt nach dem Studium, ihre ersten Managementpositionen innehatten.
Man muss sich selbst jedoch erst einmal die Frage stellen, wann man denn Karriere gemacht hat. Der Schritt vom Sachbearbeiter in die erste Führungsebene zum Teamleiter ist ein erster Erfolg. Wer diese Hürde genommen hat, träumt natürlich von weiteren Perspektiven vielleicht als Abteilungsleiter, Bereichsleiter bis hin zum Geschäftsführer bzw. Vorstandsmitglied. Insofern ist es auch wichtig, für sich selbst zu definieren, was man eigentlich unter Karriere versteht, wo sie beginnt und wo sie hinführen soll. Dabei muss man aufpassen, dass man sich nicht überschätzt. Am Beispiel unseres Vertriebs: Wir haben 3.700 Akquisiteure und 250 Führungskräfte im Außendienst. Nicht jeder Akquisiteur kann Führungskraft werden, weil ihm dazu die Fähigkeiten/Skills fehlen. Er kann aber in seiner Funktion verbleiben, glücklich sein und trotzdem Karriere machen, das heißt Top-Akquisiteur bleiben und zusätzlich Tätigkeiten als Trainer, Coach, beim „Training on the Job“ oder als Mentor übernehmen.

Welche Faktoren sehen Sie als besonders entscheidend an?
Selbstredend sind eine gute Ausbildung (möglichst mit Fremdsprachen) und auf jeden Fall das frühe Sammeln praktischer Erfahrungen ausschlaggebend. Immer wichtiger werden auch Auslandsaufenthalte und am Ende spielen natürlich Leidenschaft, Fleiß, Motivation und Begeisterung eine große Rolle. Fachkompetenz, Methodenkompetenz, Veränderungskompetenz und soziale Kompetenz sind Basics für erfolgreiche Manager. Empfehlenswert ist auch, sich frühzeitig ein Netzwerk im Markt aufzubauen, um von anderen zu lernen — auch in anderen Branchen.

Wenn Sie Ihre eigene Karriere rückblickend betrachten, was war aus Ihrer Sicht besonders wichtig für Ihren beruflichen Erfolg?
Ich persönlich habe schnell erkannt, dass der Umgang mit Menschen mir große Freude bereitet. Insofern war der frühe Einstieg in den Vertrieb, auch im Rückblick betrachtet, die richtige Entscheidung. Meine kaufmännische Ausbildung und frühen Erfahrungen im Einzelhandel (Lidl & Schwarz) haben den Grundstein für meine weitere Karriere gelegt. Schon zu meiner Zeit bei der Firma Lidl war ich als Marktleiter schon Unternehmer im Unternehmen, sogar mit erster geringer Personalverantwortung (fünf Mitarbeiter). Nach kurzer Zeit

bereits die erste Beförderung zur Führungskraft zu packen war damals schon eine Besonderheit. Zeigt aber, dass Leidenschaft, Fleiß, Identifikation mit dem Unternehmen, Begeisterungsfähigkeit und die Fähigkeit, Menschen für sich zu gewinnen, die besten Grundlagen waren für meinen weiteren beruflichen Lebensweg. Wichtig ist aber vor allem auch die Bereitschaft zum lebenslangen Lernen – sich also up to date zu halten.

Wenn Sie nur ein Erfolgskriterium nennen dürften, welches würden Sie herausstellen?
Herzblut.

Sie selbst haben die verschiedenen Karrierestufen im eigenen Haus erklommen. Ist eine solche Laufbahn heute noch möglich oder überhaupt empfehlenswert und was wird Ihrer Meinung nach in den kommenden Jahren besonders wichtig sein, um beruflichen Erfolg verzeichnen zu können?
Ich glaube, um es an meiner Person festzumachen, dass es schwer vorstellbar ist, in einer Aktiengesellschaft mit mehreren tausend Mitarbeitern ohne Studium und ohne diverse praktische Erfahrungen eine solche Laufbahn nochmals abzubilden. Karrieren nach dem Motto „vom Tellerwäscher zum Millionär“ oder wie bei mir vom Akquisiteur zum Vorstandsmitglied wird es sicherlich auch weiterhin geben, allerdings eher in Einzelfällen, aber empfehlenswert bleibt am Ende der Weg über das Abitur, Studium, den Bachelor usw.
Vor dem Hintergrund der demografischen Entwicklung in Deutschland und der zunehmenden Digitalisierung schließe ich allerdings auch nicht aus, dass der klassische „Praktiker“ mit Hochschulabschluss wieder seinen Weg auf der Karriereleiter machen kann. Ich denke, es hat noch nie geschadet, als Führungskraft zu wissen, wie etwas funktioniert, weil man sich selbst schon damit auseinandergesetzt und seine Erfahrungen gemacht hat.

Welchen persönlichen Rat würden Sie Hochschulabsolventen mit auf den Weg geben?
Grundsätzlich meine ich, dass der Abschluss eines Studiums nicht gleichzeitig Garant dafür ist, Karriere zu machen. Wie bereits erwähnt, spielen dabei heute viele andere Faktoren eine Rolle. Aber: Den Hochschulabsolventen würde ich empfehlen, gegebenenfalls über ein Zweitstudium nachzudenken, soweit machbar, einen Auslandsaufenthalt einzuplanen, sich nach guten qualifizierten Mentoren umzuschauen und die Zeiten während der Semesterferien frühzeitig zu nutzen, nicht um das Handicap beim Golfen zu verbessern, sondern vielmehr um ein breites Spektrum an Praxiserfahrungen zu sammeln. Soll auch heißen, sich nicht zu schade dafür zu sein, ganz unten anzufangen, anzupacken und sich auch mal die Hände schmutzig zu machen.

4 Blick in die Zukunft

Dieses Buch zum Thema Karrierestart möchte ich nicht abschließen, ohne mit Ihnen den Blick in die nähere Zukunft zu richten, zumindest in die ersten zwei bis vier Jahre im Unternehmen. In dieser Zeit vollzieht sich ein entscheidender Wandel: Sie werden vom Berufsstarter, dem Hochschulabsolventen ohne Berufserfahrung, zum „Young Professional“, der die Spielregeln der Berufswelt kennt und sich in diesem Umfeld bewegen kann. Sie haben bereits bewiesen, dass Sie Ihr Wissen in zielgerichtetes Handeln umsetzen und Verantwortung übernehmen können. Diese Veränderung wird wohl von Ihrer Umwelt deutlich bewusster wahrgenommen als von Ihnen selbst. Sie werden mehr und mehr in Vorgänge einbezogen, der Handlungs- und Verantwortungsrahmen, den man Ihnen anvertraut, wird größer. Aus dem anfänglichen Nachvollziehen wird ein selbstständiges Agieren und Sie kommen teilweise bereits in die Situation, andere Neueinsteiger einzuführen. Vielleicht übernehmen Sie sogar die Patenschaft für einen neuen Kollegen?

Die Berufswelt ist für Sie zur vertrauten Umgebung geworden, Sie wissen, wie der Hase läuft, und können Verhalten und Reaktionen richtig einschätzen. Sie sind ganz einfach ein vollwertiges Mitglied in dem System Unternehmen geworden. Lassen Sie uns an dieser Stelle ein paar Themen zumindest anreißen, die für Ihre weitere berufliche Entwicklung und Ausrichtung von Bedeutung sein können.

4.1 Personalentwicklung im Unternehmen

Personalentwicklung ist ein Begriff, der sehr oft gebraucht, aber teilweise ganz unterschiedlich verstanden wird: Weiterbildung, Nachfolgeplanung, Führungskräfteentwicklung, Nachwuchsförderung, dies alles sind Teilaspekte, die jedoch nicht die Personalentwicklung als Ganzes abbilden. Die American Society for Training and Development (ASTD), weltweit die größte Organisation im Bereich Personalentwicklung und Training, hat auf der Grundlage einer breit angelegten Befragung hunderter von Personalexperten den Begriff „Personalentwicklung“ wie folgt definiert: „Personalentwicklung ist der integrierte Einsatz von Maßnahmen im Bereich Training, Mitarbeiterentwicklung und Organisationsentwicklung mit dem Ziel, die individuelle, gruppenbezogene und organisationsübergreifende Leistungsfähigkeit zu verbessern.“

Diese Definition ist sehr weit reichend; dabei ist zu beachten, dass in Deutschland insbesondere der Bereich Organisationsentwicklung teilweise noch losgelöst von der Personalentwicklung gesehen wird. Dennoch ist unumstritten, dass Personalentwicklungsmaßnahmen, also die zielgerichtete Qualifizierung und Weiterentwicklung von einzelnen Mitarbeitern und Teams, in direktem Zusammenhang mit den Veränderungen der Ziele, Strukturen und Abläufe eines Unternehmens gesehen werden müssen. Ein Unternehmen ist keine soziale Einrichtung, die nur den Zweck verfolgt, den Mitarbeitern etwas Gutes zu tun, sondern auf Erfolg ausgerichtet. Personalentwicklung bedeutet in diesem Zusammenhang, den „Faktor Mensch“, der eine entscheidende Rolle beim Erreichen der gesteckten Ziele im Gesamtsystem spielt, so einzusetzen und zu fördern, dass die gestellten Aufgaben besser gelöst werden können.

In der Definition ist ferner von Leistungsfähigkeit die Rede, also dem Können. Sicherlich werden Sie jetzt einwenden, dass Leistung, neudeutsch „Performance“ genannt, noch den Aspekt der Leistungsbereitschaft zu berücksichtigen hat. Handlungskompetenz hat ja auch mit dem Wollen zu tun, wie wir bereits festgestellt haben. Motivation, ein wichtiger Faktor des Wollens, kann man jedoch nicht verordnen oder trainieren, sie muss sich aufgrund der Rahmenbedingungen entwickeln. Deshalb spielen die Unternehmensziele, die Unternehmenskultur mit ihren Spielregeln sowie die Werte und das Führungsverhalten der Vorgesetzten eine so wichtige Rolle. Begeisterung und Motivation haben etwas mit Identifikation zu tun. Dies veranschaulicht auch das folgende Zitat von Antoine de Saint-Exupéry aus dem Buch „Der kleine Prinz“.

Wenn Du ein Schiff bauen willst,

so trommle nicht Männer zusammen,

die Holz beschaffen,

Werkzeuge vorbereiten,

Holz bearbeiten und zusammenfügen,

sondern lehre sie die Sehnsucht nach dem weiten Meer.

Die Sehnsucht nach dem weiten Meer, eine gemeinsame Vision also, ist der Nährboden, auf dem alle Personalentwicklungsmaßnahmen gründen. Ein Unternehmen kann 10.000, 100.000 oder 1.000.000 Euro und mehr für Personalentwicklungsmaßnahmen ausgeben, die jedoch nutzlos verpuffen, wenn es nicht gelingt, die Mitarbeiter einzuschwören und ihren Willen zum gemeinsamen Erfolg zu stärken. Deshalb werden Unternehmen angesichts des immer weiter zunehmenden Wettbewerbsdrucks nur noch bereit sein, für Personalentwicklungsmaßnahmen Geld auszugeben, wenn damit eine messbare Steigerung der „Performance" verbunden ist. Dies führt auch zu neuen Herausforderungen für das Weiterbildungscontrolling hinsichtlich der Messkriterien und Aussagegenauigkeit.

Welchen Stellenwert die Personalentwicklung hat, hängt sehr stark vom jeweiligen Unternehmen ab, von seiner Unternehmensphilosophie, Unternehmenskultur, den Zielen und letztendlich auch von der Marktsituation. Ein Unternehmen, dem es wirtschaftlich gut geht, wird mehr Geld für die Qualifizierung der Mitarbeiter ausgeben als ein Unternehmen, das ums nackte Überleben kämpft. Doch wer sich im High-End-Bereich seiner Branche positionieren will, muss zwangsläufig mehr in die Weiterqualifizierung seiner Mitarbeiter investieren als der Anbieter, der sich eher im unteren Segment des Preis- und Qualitätsniveaus bewegt. Welche Instrumente einem Unternehmen im Rahmen der Personalentwicklung zur Verfügung stehen, zeigt die folgende Abbildung.

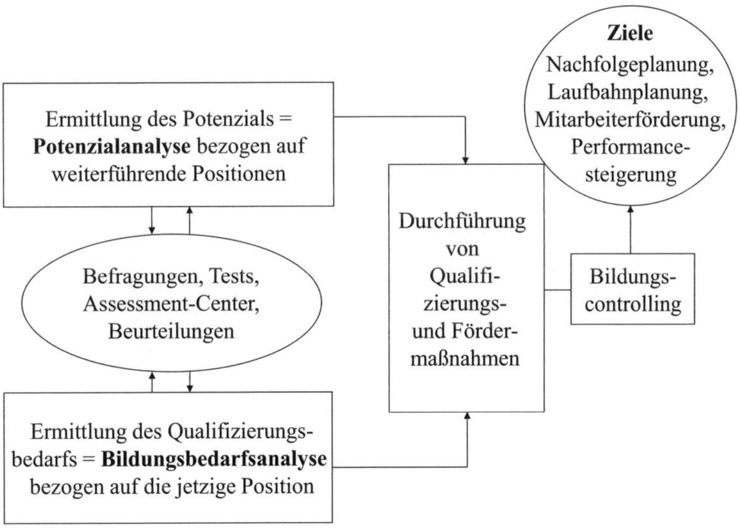

Instrumente der Personalentwicklung

Zunächst ist im Rahmen der Personalentwicklung zu ermitteln, welcher Qualifizierungsbedarf bei den Mitarbeitern im Hinblick auf die jeweilige aktuelle Position besteht. Hierzu werden die Unternehmensziele auf Bereichs- und individuelle Einzelziele heruntergebrochen. Diese wiederum stellen die Ausgangsbasis dar, um die

Sollanforderung festzulegen. Bei der Bildungsbedarfsanalyse wird das derzeitige Qualifikationsniveau der Sollanforderung gegenübergestellt. Diese Gap-Analyse (Soll-Ist-Vergleich) zeigt Defizite auf und ermöglicht es so, den notwendigen Qualifizierungsumfang zu definieren.

Für eine Bildungsbedarfsanalyse eignen sich Befragungen vorwiegend der Vorgesetzten, Leistungsbeurteilungen, Tests, 360-Grad-Beurteilungen, bei denen neben dem Vorgesetzten auch Kollegen, Mitarbeiter und Kunden befragt werden, oder auch Assessment-Center. Ist der Bedarf ermittelt, werden die entsprechenden Maßnahmen ausgewählt und durchgeführt. Welche Möglichkeiten grundsätzlich offenstehen, haben Sie bereits in Kapitel 3 erfahren. Das Bildungscontrolling überprüft im Anschluss, inwieweit die Maßnahmen das gewünschte Ergebnis bewirkt haben und ob mit ihnen die Ziele erreicht werden konnten.

Personalentwicklung dient darüber hinaus dazu, Mitarbeiter für weiterführende Aufgaben zu qualifizieren und im Rahmen ihrer Möglichkeiten zu fördern. Zunächst muss also herausgefunden werden, wer über das entsprechende Potenzial verfügt. Die Potenzialanalyse bedient sich im Wesentlichen ebenfalls der Instrumente Befragung, Beurteilung, Test und Assessment-Center. Wenn sich ergibt, dass man einem Mitarbeiter mittelfristig weiterführende Aufgaben mit mehr Verantwortung zutrauen kann und er selbst das auch anstrebt, werden entsprechende Fördermaßnahmen durchgeführt.

Neben den bereits genannten Qualifizierungsmaßnahmen kommen hier zur gezielten Förderung beispielsweise die Aufnahme in Förderkreise, spezielle Vorbereitungsseminare für angehende Führungskräfte, Auslandsaufenthalte oder individuelle Coaching-Programme infrage. Dieses Vorgehen ist in der Praxis weit verbreitet. Das Ziel der Mitarbeiterförderung besteht aus Unternehmenssicht auch darin, eine Nachfolgeplanung erstellen zu können. Dabei geht es darum, den Mitarbeitern Anregungen für ihre individuelle Laufbahnplanung zu geben, den Nachwuchs aus den eigenen Reihen zu fördern, die Belegschaft zu motivieren und insgesamt die Leistungsfähigkeit (Performance) im Gesamtunternehmen zu verbessern.

4.1.1 Eigeninitiative ist gefragt

Sie wissen nun, welche Aufgaben die Personalentwicklung grundsätzlich erfüllt. Welche Bedeutung sie im Einzelfall hat und wie professionell sie in der Praxis umgesetzt wird, unterscheidet sich jedoch von Unternehmen zu Unternehmen sehr. Informieren Sie sich daher gründlich über die Personalentwicklungsaktivitäten bei Ihrem Arbeitgeber. Sprechen Sie mit Ihrem Vorgesetzten, den Kollegen und den Personalentwicklern, um sich schließlich eine eigene Meinung bilden zu können, inwieweit Sie mit systematisch geplanten und konsequent umgesetzten Qualifizierungs- und Fördermaßnahmen rechnen können. Dabei gilt: Selbst wenn bestimmte Verfahren institutionalisiert sind, heißt das noch lange nicht, dass alle Mitarbeiter in gleicher Weise dabei berücksichtigt werden.

Machen Sie auch selbst Vorschläge für Qualifizierungsmaßnahmen und begründen Sie, was Ihnen diese in Hinblick auf Ihre Ziele bringen. Wenn ein Vorgesetzter einen klaren Nutzen erkennen kann, wird er eher bereit sein, Ihre Wünsche bezüglich der Weiterqualifizierung zu unterstützen. Noch mehr Eigeninitiative ist gefragt, wenn es um Ihre persönliche Weiterentwicklung im Unternehmen geht. Es hängt oft entscheidend von der jeweiligen Führungskraft ab, wer zum Kreis der förderungswürdigen Mitarbeiter zählt und überhaupt an einer Potenzialanalyse, zum Beispiel in Form eines Entwicklungs-Assessment-Centers, teilnehmen darf.

Monika Becht bezieht sich in ihrem Buch „So nehmen Sie Ihre Karriere selbst in die Hand“ auf eine Untersuchung von Harvey Coleman, in der ermittelt wurde, wer in Unternehmen als förderungswürdig angesehen wird. Danach wird die Förderungswürdigkeit zu zehn Prozent durch die Leistung, zu 30 Prozent durch das Image und zu 60 Prozent durch die Öffentlichkeit, sprich die Sichtbarkeit, bestimmt. Diese Zahlen mögen zunächst erschrecken, denn wie werfen die Frage auf: Ist es überhaupt notwendig und sinnvoll, viel Energie darauf zu verwenden, gute Leistungen zu bringen, wenn das doch letztendlich so wenig zählt? Die Antwort muss ganz klar Ja heißen. Gute Leistungen beeinflussen ganz entscheidend Ihr Image im beruflichen Umfeld. Und sie sorgen dafür, dass Ihr Chef Sie gegenüber anderen positiv erwähnt und damit auch zu Ihrem Bekanntheitsgrad beiträgt.

Das alleine reicht allerdings noch nicht aus. Tue Gutes und rede darüber, das ist einer der Leitsprüche, der außerdem zu beachten ist. Bemühen Sie sich aktiv um die „Vermarktung“ Ihrer Erfolge. Wie auch an der Hochschule neigen Vorgesetzte dazu, die guten Ergebnisse ihrer Mitarbeiter als die eigenen zu präsentieren. Es ist also Ihre Aufgabe, andere auf sich sowie Ihre Fähigkeiten und Erfolge aufmerksam zu machen. Damit legen Sie den Grundstein dafür, dass man Sie und Ihre Leistung auch wahrnimmt. Gute Möglichkeiten, auf sich aufmerksam zu machen, sind diese:

- Artikel in der Mitarbeiterzeitung, im Intranet oder in Foren veröffentlichen
- Sich für bereichsübergreifende Projekte engagieren
- Präsenz bei Veranstaltungen und geselligen Ereignissen zeigen
- Lobbyarbeit leisten
- Erfolge kommunizieren
- Ihren Chef regelmäßig über Teilerfolge informieren
- Bereitschaft zeigen, Vorträge zu halten

- Schulungen durchführen
- Ihre Arbeitsergebnisse für andere zugänglich machen
- Aktive Netzwerkarbeit betreiben, auch in sozialen Netzwerken im Internet

Öffentlichkeitsarbeit bedeutet nicht, heiße Luft auszustoßen, sondern echte Leistung für andere sichtbar zu machen. Während die Amerikaner in der Regel keine Probleme damit haben, sich und ihre Erfolge in den höchsten Tönen anzupreisen, fällt es uns Deutschen eher schwer, uns selbst zu loben. Aussagen wie „Eigenlob stinkt" oder „Ich kann mich doch nicht selbst so in den Mittelpunkt stellen, da wecke ich ja Erwartungen, die ich vielleicht nicht halten kann" belegen das. Natürlich sollen Sie nicht überheblich und arrogant auftreten und Versprechungen machen, die Sie nicht erfüllen können. Wozu ich Sie allerdings ermutigen möchte ist, dass Sie zu dem, was Sie können und geleistet haben, stehen und mit einem gewissen Stolz darüber sprechen können.

TIPP

Praktische Hilfestellungen hierzu finden Sie in dem Buch „Punkten Sie mit Ihren Stärken. Selbstmarketing im Job" (siehe Literaturverzeichnis).

Gehen Sie nicht davon aus, dass Sie auf wundersame Weise von der Personalentwicklungsabteilung als Mitarbeiter mit Potenzial entdeckt werden. Wenn Ihr Vorgesetzter nichts dafür tut, dass man Sie in den Kreis der förderungswürdigen Mitarbeiter aufnimmt — sei es, weil er tatsächlich nicht von Ihren Leistungen überzeugt ist, sei es, weil er Sie als guten Mitarbeiter nicht verlieren will —, bleibt Ihnen nur übrig, selbst aktiv zu werden. Fragen Sie Ihren Vorgesetzten, warum er Sie nicht für ein Förderprogramm vorschlägt und welche Voraussetzungen Sie erfüllen müssen, um an Potenzialanalysen teilnehmen zu können. Entscheidend ist, dass Sie überhaupt kommunizieren, dass Sie an einer Weiterentwicklung interessiert sind. Wer nur brav seine Arbeit verrichtet und nie signalisiert, mehr zu wollen, läuft leicht Gefahr, auf seinem Arbeitsplatz zu versauern.

HINWEIS

Seien Sie mit sich selbst durchaus kritisch. Wenn Sie von mehreren Seiten die Rückmeldung bekommen, dass man mit Ihren Leistungen nicht sonderlich zufrieden ist und derzeit für weiterführende Aufgaben kein Potenzial erkennt, sollten Sie sich ernsthaft fragen, woran das liegt. Es macht dann wenig Sinn, die ganze Welt zu verurteilen und sich für das verkannte Genie zu halten, das keiner sieht. Mit einem derartigen Verhalten machen Sie sich eher lächerlich. Fragen Sie gezielt nach den Gründen, warum man Ihnen nicht mehr zutraut und nehmen Sie die Kritikpunkte auf. Entweder Sie haben wirklich noch einige Defizite oder Sie und das Unternehmen, die Werte und die Aufgabe passen einfach nicht zueinander. Dann sollten Sie über Alternativen nachdenken.

4.1.2 Leistungsbeurteilungen

Leistungsbeurteilungen sind eine Form des Feedbacks, mit dem Ihre Führungskraft Ihnen kommuniziert, wie sie Ihre Leistung und Ihr Verhalten einschätzt. In der Regel handelt es sich um standardisierte Verfahren, die auf Grundlage einer zwischen Unternehmensführung und Betriebsrat ausgehandelten Betriebsvereinbarung regelmäßig durchgeführt werden. Ist Ihr Unternehmen an einen Tarifvertrag gebunden, können sich bereits daraus Regelungen ergeben, zum Beispiel dass bestimmte Leistungszulagen anhand der Leistungsbeurteilungen zu ermitteln sind.

Für manch einen Vorgesetzten ist das Thema Leistungsbeurteilung ein ungeliebtes Kind, ist sie doch mit viel Arbeit und in einigen Fällen auch mit Ärger verbunden. Letzteres dann, wenn der Mitarbeiter die Einschätzung des Vorgesetzten nicht teilt und endlose Diskussionen darüber entstehen, welche Beurteilung nun gerecht ist. Es gibt nach wie vor viele Vorgesetzte, die diese Konflikte scheuen und jedes Jahr die gleiche Beurteilung vergeben — oder sogar eine jährliche Steigerung der Leistung automatisch vorsehen, damit der Mitarbeiter bloß zufrieden ist. Dies hat zur Folge, dass die meisten Systeme an Aussagekraft verlieren und die Mitarbeiter im Lauf der Zeit zu gut beurteilt werden. Es ist schade, dass Beurteilungen sehr häufig nur als notwendiges Übel betrachtet und die damit verbundenen Chancen nicht genutzt werden. Ungenutzt bleibt dann die Gelegenheit, dass sich Führungskraft und Mitarbeiter regelmäßig zusammensetzen und offen miteinander reden. Natürlich sprechen Sie auch sonst mal mit Ihrem Chef, aber es ist eben doch ein Unterschied, ob es dabei immer nur kurz zwischen Tür und Angel um ein fachliches Thema geht oder ob sich beide Seiten Zeit nehmen, um sich ausführlich und in Ruhe über Eindrücke aus der Vergangenheit und Erwartungen für die Zukunft auszutauschen.

In zahlreichen Unternehmen wurde das klassische Beurteilungsgespräch — das letztendlich eine Einbahnstraße darstellte, weil der Chef seinen Mitarbeiter einfach beurteilte — zu einem eher partnerschaftlich angelegten Mitarbeitergespräch weiterentwickelt. Dabei steht der Austausch von Eindrücken und Erfahrungen im Mittelpunkt und es soll ganz explizit auch um den Qualifizierungsbedarf, mögliche Maßnahmen in diesem Zusammenhang und Entwicklungsperspektiven des Mitarbeiters gehen. Häufig werden zudem die inhaltlichen Ziele für das nächste Jahr vereinbart und die Zielerreichung seit dem letzten Gespräch besprochen. In manchen Unternehmen ist es üblich, darüber ein separates Zielvereinbarungsgespräch zu führen. Immer häufiger werden auch Mitarbeiterbefragungen und Vorgesetztenbeurteilungen durchgeführt. Dabei hat der Mitarbeiter die Möglichkeit, seine Eindrücke und Bewertungen — teilweise in anonymer Form — wiederzugeben.

Für Sie als Mitarbeiter hat das Beurteilungs- oder Mitarbeitergespräch eine wichtige Funktion: Sie bekommen eine Rückmeldung, wie Sie und Ihr Verhalten gesehen werden, und haben gleichzeitig die Möglichkeit, Ihre Eindrücke wiederzugeben. Schießen Sie sich nicht auf einzelne Kriterien ein und streiten sich auch nicht darüber, ob zum Beispiel Ihre Arbeitssorgfalt das Kreuz in Kästchen „C" oder vielleicht doch eher in Kästchen „D" verdient. Letztendlich spielt das nicht die entscheidende Rolle. Wichtig ist, dass Sie mehr darüber erfahren, wo Ihr Vorgesetzter Ihre Stärken sieht und in welchen Bereichen noch Optimierungsbedarf besteht. Mit haarspalterischen Diskussionen über einzelne Beurteilungsfelder werden Sie vielleicht mit viel Ausdauer erreichen, dass das Kreuzchen verschoben wird, Sie bewirken jedoch nicht, dass Ihr Chef seine Meinung ändert. Jede Beurteilung hängt sowieso von unterschiedlichsten Einflussfaktoren ab. Wie früher in der Schule oder an der Hochschule gibt es auch in einem Unternehmen Vorgesetzte, die generell streng beurteilen und deren Abteilungsdurchschnitt deutlich unter dem anderer Bereiche liegt.

Hinterfragen Sie lieber, weshalb Ihr Vorgesetzter zu einer bestimmten Einschätzung gekommen ist. Bitten Sie ihn, diese anhand konkreter Projekte oder Situationen zu erläutern. Sollte Ihr Vorgesetzter keine Beispiele parat haben, versuchen Sie selbst, wesentliche Ereignisse oder Vorgänge aufzuführen. Da Ihnen derartige Geschehnisse im Rahmen des Gesprächs sicherlich nicht spontan einfallen, empfiehlt es sich, regelmäßig Notizen hierzu zu machen. Sie können wie in der Einarbeitungszeit ein „Logbuch" führen, wobei Sie nun andere inhaltliche Kriterien aufnehmen, zum Beispiel Aufgabenstellung, wichtige Etappen, Erfolge, Rückschläge, wichtige Erkenntnisse. Vielleicht legen Sie auch Ihre Zeitplanungshilfe so an, dass sie darin wichtige Meilensteine oder Eindrücke aufnehmen und entsprechend rekonstruieren können.

ARBEITSHILFE ONLINE

ÜBUNG 14: Ihre Erfolgsliste

Erstellen Sie für sich eine Liste der Erfolge, die Sie während des letzten Jahres erzielt haben, und notieren Sie jeweils Datum, Aufgabenstellung, erzieltes Ergebnis, überwundene Hindernisse, erbrachte Leistung, Nutzen für das Unternehmen, Nutzen für Kunden.

Sie bekommen nun noch eine Checkliste an die Hand, was Sie im Vorfeld des Beurteilungs- oder Mitarbeitergesprächs tun können, um für einen positiven Verlauf zu sorgen.

CHECKLISTE zum Beurteilungsgespräch

Lesen Sie Ihre Beurteilung aus dem Vorjahr nochmals durch.

- Konnten Sie die angesprochenen Defizite im aktuellen Beurteilungszeitraum abbauen?
- Wurden die geplanten Qualifizierungsmaßnahmen im Beurteilungszeitraum realisiert?
- Welches waren Ihre wichtigsten Aufgaben/Projekte im Beurteilungszeitraum?
- Welche Erfolge konnten Sie dabei erzielen?
- Wo hatten Sie Schwierigkeiten und wo traten Konflikte auf?
- Waren Sie mit der Unterstützung durch Ihren Vorgesetzten zufrieden?
- Welchen zusätzlichen Support hätten Sie sich gewünscht?
- Was sind Ihre aufgabenbezogenen Ziele für den neuen Beurteilungszeitraum?
- Welche Aufgaben möchten Sie in erster Linie bearbeiten und wo sehen Sie besonderen Handlungsbedarf?
- Welche Qualifizierungsmaßnahmen halten Sie für notwendig?
- Welche persönliche Weiterentwicklung möchten Sie im kommenden Beurteilungszeitraum realisieren?
- Welche Unterstützung erwarten Sie von Ihrem Vorgesetzten?

Ein derart vorbereitetes Gespräch, dessen wesentliche Inhalte auch schriftlich dokumentiert werden sollten, stellt für beide Seiten eine gute Grundlage für die Zusammenarbeit im neuen Beurteilungszeitraum dar.

4.1.3 Förderprogramme

Sie wollen mehr Verantwortung übernehmen? Sie sind bereit, überdurchschnittlichen Einsatz zu leisten und auch schwierige Themen anzupacken? Sie bekommen aus Ihrem Arbeitsumfeld die Rückmeldung, dass Ihre Leistungen gut sind? Dann sollten Sie die in Ihrem Unternehmen angebotenen Möglichkeiten nutzen, um sich für weiterführende Positionen zu qualifizieren. Manager wird man nicht, weil es einem in die Wiege gelegt wurde. Eine erfolgreiche Fach- und Führungskraft bringt zwar in der Regel entsprechende Anlagen dafür mit, es bedarf jedoch einer Vielzahl von Qualifizierungs- und Fördermaßnahmen, zudem Erfahrung und Fleiß, um in einem Unternehmen dort mitspielen zu können, wo die wichtigen Entscheidungen getroffen werden.

Unternehmen sind in der Regel sehr daran interessiert, höhere Positionen mit Mitarbeitern aus den eigenen Reihen zu besetzen. Dafür spricht eine ganze Reihe von Gründen. Zum einen bietet die Mitarbeiterförderung mit der Perspektive, mehr Verantwortung übernehmen zu können, für motivierte Mitarbeiter einen Anreiz, im Unternehmen zu bleiben. Wer keine Perspektiven sieht, um seine beruflichen Ambitionen beim derzeitigen Arbeitgeber realisieren zu können, wird irgendwann zu einem anderen wechseln. Mitarbeiterförderung ist auch unter Personalmarketing-Gesichtspunkten wichtig, um für potenzielle neue Mitarbeiter attraktiv zu sein. Schließlich bietet der Rückgriff auf Personal aus dem eigenen Haus den Vorteil, dass das Unternehmen die Mitarbeiter kennt und diese über einschlägiges, firmenspezifisches Wissen und entsprechende Kontakte verfügen. Dies erleichtert die Einarbeitung entscheidend und reduziert das firmenseitige Risiko.

Um Mitarbeiter auf höherwertigere Positionen vorzubereiten, haben insbesondere größere Unternehmen im Rahmen der Personalentwicklung sogenannte Förderkreise eingerichtet. Hier werden Mitarbeiter aufgenommen, die aufgrund einer Potenzialanalyse als förderungswürdig identifiziert wurden. Förderkreise sind in der Regel auf einen Zeitraum von circa ein bis zwei Jahren ausgerichtet. In dieser Zeit sollen spezielle Fördermaßnahmen den Mitarbeiter darauf vorbreiten, eine neue Position zu übernehmen. Zusätzlich ergibt sich der Vorteil, dass die Mitarbeiter des Förderkreises untereinander ein Netzwerk aufbauen können, das ihnen auch in Zukunft von Nutzen sein wird.

Die Inhalte der Fördermaßnahmen können sehr unterschiedlich sein. Sofern eine Führungsposition mit Mitarbeiterverantwortung in Betracht kommt, wird das Thema Führung und die Vorbereitung auf die neue Tätigkeit eine zentrale Rolle spielen. Stehen eher Projektleiteraufgaben an, wird das Arbeiten und Führen in Projekten und die Projektplanung im Mittelpunkt stehen.

Derzeit ist auch ein Trend festzustellen, sogenannte Firmen-Universitäten oder -Akademien zu gründen. Unternehmen möchten ihren Mitarbeitern damit die Möglichkeit bieten, sich neueste wissenschaftliche Erkenntnisse anzueignen, und zwar ohne aus dem Job aussteigen zu müssen. Die Robert Bosch GmbH kann hier als ein Vorreiter angesehen werden. Das Robert Bosch Kolleg, die hauseigene Universität von Bosch, wurde 1980 gegründet und bietet praxisbezogene Weiterbildung auf Hochschulniveau. Neben universitär geprägten Seminaren und Kolloquiumsvorträgen bietet das Kolleg mit den Lehrzyklen und dem Executive Master of Business Administration (EMBA) komplette Managementprogramme an.

Mehr und mehr Unternehmen gehen dazu über, mit Business-Schools Kooperationsverträge zu schließen, um den Mitarbeitern den Weg zu einem MBA-Abschluss zu erleichtern. Diese Mischform der beruflichen Weiterqualifizierung und Förderung, bei der sowohl die Unternehmen als auch die Mitarbeiter einen finanziellen wie zeitlichen Beitrag leisten, kann sicherlich für die Zukunft als richtungsweisend angesehen werden.

TIPP

Informieren Sie sich über die Möglichkeiten, die Ihr Arbeitgeber bietet. Die Mitarbeiterförderung sollte für Sie als Arbeitnehmer sehr hohen Stellenwert haben — mehr noch als das Gehalt —, stellt sie doch für Sie eine Investition in Ihre Zukunft dar.

Nicht immer muss die berufliche Weiterentwicklung allein über die Teilnahme an institutionalisierten Förderprogrammen erfolgen. Es gibt viele Menschen, die in ihren Unternehmen nie einem Förderkreis angehörten und dennoch, teilweise sogar schneller als ihre Förderkreis-Konkurrenten, den Sprung nach vorn machen konnten. Ergibt sich eine günstige Gelegenheit, weil eine Stelle frei wird, und gelingt es Ihnen, Ihren Namen ins Gespräch zu bringen, kann es bisweilen sehr schnell gehen, auch ohne dass Sie den offiziellen Beförderungsweg durchlaufen haben. Halten Sie Augen und Ohren offen und stärken Sie selbst Ihr Image als Mitarbeiter mit Potenzial, dann wird man auf Dauer nicht an Ihnen vorbeikommen — vorausgesetzt, Sie sind wirklich gut und bereit, viel Einsatz zu bringen.

Die folgenden Verhaltensweisen und Eigenschaften helfen Ihnen dabei, beruflich vorwärtszukommen:

- Seien Sie aktiv.
- Seien Sie offen für Kritik.
- Seien Sie interessiert.
- Seien Sie offen für Neuerungen und Veränderungen.
- Versuchen Sie, aus Fehlern zu lernen.
- Investieren Sie in Ihre Weiterqualifizierung.
- Arbeiten Sie an sich und Ihren Defiziten.
- Strahlen Sie eine positive Lebenseinstellung aus.
- Suchen und pflegen Sie den Kontakt mit anderen Menschen.
- Seien Sie Teil der Lösung und nicht des Problems.

4.1.4 Life-Work-Balance

Der Wunsch nach einer ausgeglichenen Life-Work-Balance steht bei Berufsstartern sehr hoch im Kurs. Stellt sich schon seit vielen Jahren die Frage der Vereinbarkeit von Familie und Beruf vorwiegend jungen Frauen, ist deutlich zu erkennen, dass inzwischen gerade auch junge Männer solche Themen auf ihrer Prioritätenliste weit oben positioniert haben. Dies bestätigte eine aktuelle Studie der zeag GmbH, in der über 16.000 Mitarbeiter in fast 100 Unternehmen dazu befragt wurden, was für sie Arbeitgeberattraktivität ausmacht. Unternehmen haben sich auf die neue Situation, dem oft beschriebenen „War for Talents", eingestellt und verfügen über eine breite Palette an Angeboten. Sie reicht von der kostenlosen Mitgliedschaft in Fitnessclubs über Kinderbetreuungsmöglichkeiten, Sabbaticals, flexible Arbeitszeitmodelle bis hin zum Arbeiten im Home-Office. Zahlreiche Wettbewerbe wie „Arbeitnehmerfreundliches Unternehmen" oder das Audit der berufundfamilie gGmbH – eine Initiative der Gemeinnützigen Hertie-Stiftung –, zeigen, dass das Thema auch bei den Unternehmen hohe Priorität hat und damit hoffähig geworden ist. Eine gesunde Lebensbalance erhöht die Lebensqualität; sie ist aber auch wichtig, um langfristig die eigene Arbeitskraft zu erhalten. Wer sich dauerhaft überfordert, immer auf Hochdruck läuft und sich selbst ausbeutet, läuft Gefahr, auszubrennen und im Burnout zu enden. Die dramatische Zunahme von psychischen Erkrankungen in den letzten Jahren macht deutlich, dass auch die Unternehmen das Thema ernst nehmen müssen. Sie bieten daher Beratungsangebote und praktische Unterstützung in puncto gesunde Lebensführung an. Nutzen Sie diese Möglichkeiten, schließlich wollen Sie langfristig leistungsfähig und gesund bleiben.

4.1.5 Karrierepfade der Zukunft

Wenn Sie die Generation Ihrer Eltern betrachten, bestanden die klassischen Karrieren darin, sich in streng hierarchisch organisierten Unternehmen vom Sachbearbeiter über den Gruppenleiter, Abteilungsleiter und Hauptabteilungsleiter bis zum Direktor und Geschäftsführer hochzuarbeiten. Oft wurden sogenannte Kaminkarrieren durchlaufen, bei denen der Mitarbeiter immer am gleichen Standort im gleichen Funktionsbereich tätig war und eben eine Stufe nach der anderen aufwärts stieg. Mobilität war kaum gefragt, die meisten Berufstätigen waren langfristig bei einem Arbeitgeber beschäftigt und wechselten höchstens ein- oder zweimal im Leben die Arbeitsstelle.

Heute herrschen andere Bedingungen: Die Globalisierung und der damit verbundene Wettbewerbsdruck zwingen die Unternehmen, über ihre Kosten und Strukturen nachzudenken. In den meisten Fällen ist das Ergebnis aus Reengineering-

Prozessen oder Rationalisierungsprojekten die sogenannte Schlanke Organisation (Lean Management). Damit fallen zahlreiche hierarchische Ebenen eines Unternehmens weg und das Unternehmen muss sich neu organisieren. Die hierarchische und funktional gegliederte Struktur wird aufgelöst, zunehmend tritt die Prozessorientierung an ihre Stelle. Dabei werden unternehmerische Einheiten (Lines of Business) gebildet, die eigenverantwortlich einen gesamten Prozess betreuen (siehe hierzu Kapitel 2.2). Immer häufiger werden Aufgaben in Form von Projekten bearbeitet, die Teammitglieder kommen zeitlich befristet zur Realisierung der Aufgabenstellung zusammen und gehen dann wieder auseinander. Der Projektleiter ist zwar verantwortlich für das Gesamtprojekt und gegenüber den Projektmitarbeitern fachlich weisungsberechtigt, er ist jedoch nicht deren disziplinarischer Vorgesetzter. Diese organisatorischen Veränderungen wirken stark auf die Karriereplanung des einzelnen Mitarbeiters ein.

Es besteht ein verstärkter Bedarf an Prozess- und Projektverantwortlichen, die über ein breit angelegtes Wissen und Eigenschaften wie unternehmerisches Denken, Verantwortungsbereitschaft, Flexibilität, Mobilität und Teamfähigkeit verfügen. Diese Anforderungen weichen deutlich von denen der bisherigen Rollenmuster einer hierarchisch ausgerichteten Karriere ab. Sehr unterschiedliche Aufgaben zu übernehmen und die ständige Bereitschaft, sich mit neuen Themen auseinanderzusetzen, sind dabei unerlässlich. Das Schlagwort „lebenslanges Lernen" gewinnt immer mehr Bedeutung. Gleichzeitig mit der höheren Flexibilität, was die Inhalte von Aufgaben betrifft, wird mehr Mobilität gefordert. Karrieren sind heute häufig mit internationalen Einsätzen verbunden.

Wer in Zukunft Karriere machen möchte, muss genauso flexibel sein wie die Strukturen bei seinem Arbeitgeber. Immer häufiger gleichen Unternehmen einem losen Verbund von selbstständigen, organisatorischen Einheiten, die sich, an den Aufgaben orientiert, sehr schnell verändern können. Das Übernehmen wechselnder Aufgaben in unterschiedlichen Funktionsbereichen gehört ebenso zu diesem neuen Rollenverständnis wie stark ausgeprägte Flexibilität im Hinblick auf Einsatzort, Tätigkeitsgebiet und organisatorische Eingliederung. Nicht die Anzahl der unterstellten Mitarbeiter bestimmt die Wertigkeit einer Funktion, sondern die Aufgabe selbst und die damit verbundene Verantwortung.

Den Arbeitsverhältnissen liegen nicht mehr ausschließlich zeitlich unbefristete feste Arbeitsverträge zugrunde. Immer häufiger kommen alternative Beschäftigungsformen zum Tragen, zum Beispiel Zeitarbeit, befristete Arbeitsverhältnisse, Telearbeit oder freiberufliche Tätigkeit. Auch der Wechsel zwischen Beschäftigungsformen innerhalb eines Berufslebens wird zukünftig üblich sein. Es genügt nicht, sich auf die Personalentwicklungsabteilung zu verlassen, damit für die weitere berufliche Perspektive gesorgt ist. Damit steigt die Eigenverantwortung des Einzelnen, der sich immer wieder neu bewähren und andere von seinem Können überzeugen muss.

Die folgende Abbildung zeigt anschaulich diesen Wandel des Karrierebegriffs.

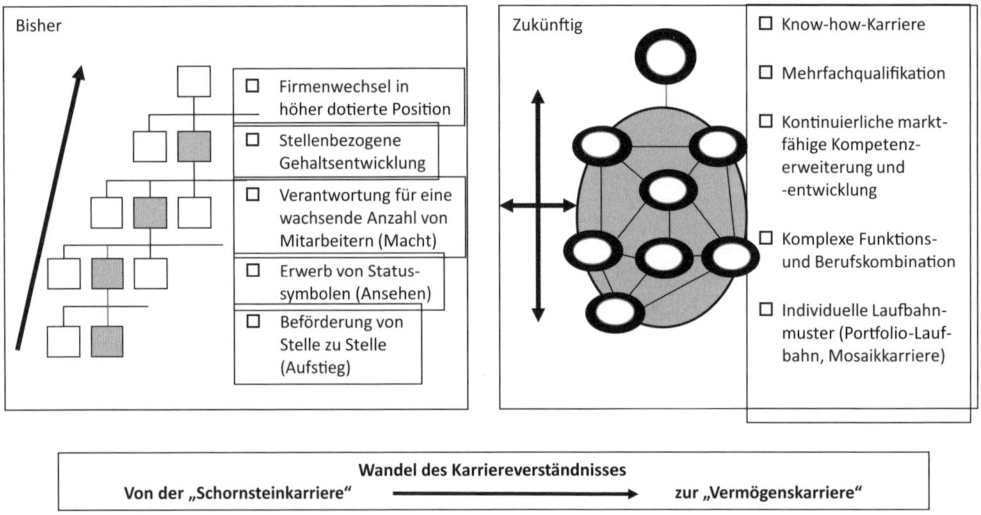

© Christina Bolduan

Entkoppelung von Hierarchie und Karriere

War der Begriff „Karriere“ bisher sehr stark an Hierarchien gebunden, wird er zukünftig losgelöst von Statussymbolen und Mitarbeiterzahlen zu sehen sein. In erster Linie wird es darum gehen, sich flexible Qualifikationen anzueignen und Karriere unter dem Aspekt der Wissensvermehrung zu sehen. Je mehr Kompetenzen und Erfahrungen Sie sich aneignen konnten, umso wertvoller werden Sie für ein Unternehmen sein. Ihre Qualifikation ist Ihr Haben-Konto, auf das Sie kontinuierlich weiter einzahlen müssen, um Ihr Vermögen zu mehren.

Diese Entwicklungen mögen für den einen die lang ersehnte Herausforderung darstellen, für den anderen eher bedrohlich wirken, weil damit der Zwang verbunden ist, sich kontinuierlich neu zu bewähren. Sicherlich heißt es Abschied zu nehmen von der Vorstellung, in einem großen Konzern unterzukommen und für die nächsten Jahre und Jahrzehnte einen sicheren (und ruhigen) Arbeitsplatz zu haben. Viele Beispiele zeigen, dass auch große Unternehmen im Hinblick auf die Arbeitsplatzsicherheit kaum noch Garantien bieten. Fusionen, friedliche oder feindliche

Übernahmen oder Unternehmenskäufe, die mit der Zerschlagung des Gesamtkonzerns in kleine überschaubare und am Markt verkäufliche Einheiten enden, sind an der Tagesordnung.

Es bringt nichts, sich über diese Entwicklungen zu beklagen. Vielmehr geht es darum, die vielen Chancen, die damit einhergehen, zu erkennen und zu nutzen. Für diejenigen, die bereit sind, sich neuen Herausforderungen zu stellen, sich aus eigenem Antrieb heraus weiterzuqualifizieren und sich für eine Sache zu engagieren, werden in Zukunft ein breites Betätigungsfeld finden. Es gilt, die veränderten Umstände mit der eigenen Lebensplanung in Einklang zu bringen, gerade auch unter dem Aspekt der Life-Work-Balance. Der Begriff „Arbeitsplatzsicherheit", der sich auf einen festen Platz bei einem Arbeitgeber bezog, hat seine Bedeutung verloren. Sicherheit kann heute nur das Vertrauen in die eigenen Qualifikationen und die damit verbundenen Möglichkeiten am Arbeitsmarkt geben.

4.2 Berufliche Neuorientierung

Die Kollegen haben Sie akzeptiert, Sie machen eine gute Arbeit und könnten eigentlich ganz zufrieden sein. Doch in Ihnen macht sich das Gefühl breit, dass sich irgendetwas tun muss. Immer häufiger denken Sie darüber nach, sich verändern zu wollen, berufliches Neuland zu betreten, um nicht Gefahr zu laufen, zu sehr mit den liebgewordenen Annehmlichkeiten zu verwachsen – und dann den Absprung nicht mehr zu schaffen.

Zunächst wird sich Ihr Blick auf interne Wege richten. Gibt es Tätigkeiten außerhalb des bisherigen Umfelds, die Sie reizen könnten? Dann lesen Sie aus Spaß die Stellenangebote in den Jobbörsen. Vielleicht ruft sogar ein Headhunter einer Personalberatung bei Ihnen an. Es ist durchaus ein erhebendes Gefühl, wenn man zum ersten Mal wegen eines Stellenwechsels angesprochen wird. Sie öffnen sich ganz einfach mehr und mehr dem Gedanken, sich beruflich neu zu orientieren. Dies ist ein ganz normaler Prozess, der sich mit zunehmender Berufserfahrung einstellt. Nehmen Sie sich Zeit und beschäftigen Sie sich mit den verschiedenen Alternativen. Die Entscheidung, sich um eine neue Position im bisherigen Unternehmen zu kümmern oder sich einen anderen Arbeitgeber zu suchen, will gut überlegt sein.

4.2.1 Wann ist es Zeit zu wechseln?

Hier ein paar Argumente, die für einen internen Wechsel sprechen:

- Sie kennen die Werte und Rahmenbedingungen des Unternehmens.
- Sie können Ihre Unternehmens- und Branchenkenntnisse verwerten.
- Sie können das Netzwerk, das Sie sich im Unternehmen aufgebaut haben, für die neue Aufgabe nutzen.
- Sie verbessern Ihre weiteren Entwicklungschancen im Unternehmen, wenn Sie über Erfahrung aus mehreren Unternehmensbereichen verfügen.
- Sie haben keine Probezeit.
- Sie gehen kein Risiko im Hinblick auf das Gehalt ein.

Doch es gibt auch Gründe, die für einen Wechsel des Arbeitgebers sprechen:

- Sie lernen ein neues Unternehmen kennen und erweitern damit Ihren Erfahrungshorizont.
- Sie können sich mit neuen Aufgabenstellungen aus einer anderen Perspektive beschäftigen.
- Sie beweisen Flexibilität, auch im Hinblick auf Ihre weiteren beruflichen Ambitionen.
- Sie haben die Chance, gehaltlich einen Sprung zu machen.
- Sie können gegebenenfalls auf einen Schlag deutlich mehr Verantwortung übernehmen.

Sicherlich werden Ihnen noch mehr Argumente einfallen, die Ihre persönliche Situation betreffen. Wofür Sie sich am Ende entscheiden, hängt natürlich auch wesentlich davon ab, um welche Position es konkret geht und wie die Rahmenbedingungen im bisherigen Unternehmen aussehen.

Generell sollten Sie dann über einen Wechsel, ob intern oder extern, nachdenken, wenn Ihnen Ihr bisheriger Arbeitsplatz immer noch recht gut gefällt. Man sollte gehen, wenn es am schönsten ist, diese alte Weisheit gilt auch für den Arbeitsplatzwechsel. Sie können dann ohne Druck in Ruhe über Alternativen nachdenken und sich für eine neue Tätigkeit entscheiden, weil sie Ihnen gefällt und die Inhalte Sie reizen. Befinden Sie sich hingegen in der Situation, dass Sie wechseln müssen oder so unzufrieden sind mit der derzeitigen Arbeit, dass Sie nur noch weg wollen, besteht die Gefahr, dass die neue Position nur eine Notlösung darstellt und Sie vom Regen in die Traufe kommen. Wenn Sie nicht zu lang abwarten, sondern rechtzeitig aktiv werden, haben Sie noch einen Vorteil: Sie behalten Ihre derzeitige Tätigkeit in guter Erinnerung und Ihr Arbeitsumfeld Sie. Das ist eine gute

Voraussetzung, um den Kontakt mit den Menschen auch nach einer Veränderung aufrechtzuerhalten.

Wir haben den Geschäftsführer der A & A Dr. Allmann Personalberatung (www.AllmannPB.de) Herrn Dr. Joachim Allmann gebeten, aus seiner Sicht zu der Frage Stellung zu nehmen, welcher Zeitpunkt der richtige für einen Stellenwechsel ist.

Aus der Praxis: Expertenwissen

„Wie bei vielen Fragen, die auf den ersten Blick leicht zu beantworten zu sein scheinen, offenbart sich die Komplexität auch dieser Frage erst bei näherer Beschäftigung mit ihr. Eine treffende Antwort hängt einerseits stets eng mit zahlreichen, oftmals sehr individuellen Gegebenheiten, spezifischen Situationen und persönlichen Planungen, Wünschen und Notwendigkeiten zusammen; andererseits natürlich auch mit Eckwerten, die, vom Individuum unbeeinflusst, das Unternehmen vorgibt oder vom Arbeitsmarkt bestimmt werden. Für den jungen Familienvater, die alleinerziehende Mutter oder den unterhaltleistenden Mann stellt sich die Situation deutlich anders dar und ist mit anderen Sachzwängen verknüpft als für den karriereorientierten, kompromisslos aufstiegswilligen Single, der weder auf soziale Bindungen und Verpflichtungen noch auf Sicherheiten achten muss oder will. Besonderer Druck, sich zu verändern, stellt sich für alle dann ein, wenn die Existenz des Unternehmens oder der Abteilung gefährdet ist. Natürlich kann die Person, die in einer Boombranche arbeitet, über die Antwort sehr viel gelassener nachdenken als jemand, der froh sein muss, überhaupt eine Stelle zu haben.

Jeder, der sich mit dem Wunsch trägt, das Unternehmen zu verlassen, in dem er die ersten beruflichen Schritte unternommen hat, sollte seine persönliche Situation, seine mittelfristigen privaten Planungen, seine beruflichen Wünsche und die berufliche Realität prüfen. Zudem empfiehlt es sich, objektiv zu analysieren, was das Unternehmen an Entwicklungsmöglichkeiten bietet, und einen Marktvergleich anzustellen. Auf jeden Fall muss zudem eine kritische und ehrliche Selbstbetrachtung stattfinden: Bin ich bereits dort, wo ich glaube zu sein? Gibt es nachvollziehbare Gründe dafür, dass es nicht recht weitergeht? Wo sind Lücken, die die erwünschte Weiterentwicklung verhindern? Oder kommt man nicht weiter, weil die Struktur des Unternehmens das nicht vorsieht? Oder weil man den Lehrlingsstatus nicht abschütteln kann? Weil man sich selbst, fachlich oder menschlich, in eine ungeplante, jetzt aber doch erwünschte Richtung fortbewegt, für die das Unternehmen keinen Weg bietet?

Die ernsthafte Reflexion — was mehr ist als die Interpretation eigener Vorurteile und Wunschvorstellungen oder Enttäuschungen — ebnet den Weg, um eine situations- und individuumsgerechte Antwort zu erarbeiten. Nur diese Antwort schafft Entscheidungs- und damit — für die Suche nach einer neuen

Herausforderung — Argumentationssicherheit, die in Vorstellungsgesprächen von höchster Bedeutung ist. Diejenigen, die über Einstellungen zu entscheiden haben, wollen in der Regel genau wissen, warum man sich vom derzeitigen Unternehmen trennen möchte und aus welchen Gründen die eigenen Zielvorstellungen dort nicht erreicht werden.
Zu empfehlen, in dem Unternehmen, in das man nach Ende der Ausbildung oder des Studiums eingetreten ist, zwei, vier, fünf oder sechs Jahre zu bleiben, das wäre falsch. Jede Entscheidung muss situations- und individuumsbestimmt sein. Wer bereits nach drei Wochen zunehmendes Unwohlsein registriert und den Mut nicht findet, dies anzusprechen, obwohl das Arbeitsklima dafür geeignet ist, wer sich bei zunächst kleinen, dann größer werdenden Fluchten vor der Kerntätigkeit ertappt und wider besseres Wissen all dies nicht stoppen kann und immer stärker physisch und psychisch darunter leidet, der hat allen Grund, darüber nachzudenken, ob der kürzlich eingeschlagene Weg der richtige ist.
Erkannte Fehler sollen schnellstmöglich abgestellt werden. Es ist kontraproduktiv, einen falschen Weg weiter zu verfolgen, nur um dem vermeintlichen ‚Muss' zu genügen, mindestens ein bis zwei Jahre im ersten Unternehmen geblieben zu sein. Wer klar argumentiert, weshalb er schon nach wenigen Wochen oder Monaten einen Neuanfang sucht, wer darstellen kann, dass diese Monate nicht vergeudet, sondern wegweisend waren, wird seine Gesprächspartner überzeugen und eher eine neue Chance erhalten als die Person, die nach eineinhalb Jahren das Handtuch wirft und sich aus der schwachen Position des Frustrierten und Deprimierten heraus bewirbt. Dies ist kein Appell, zu früh aufzugeben. Jede Entwicklung wird auch durch Phasen geprägt, die keinen Spaß machen, die nicht angenehm sind, Phasen, in denen Zweifel an der Aufgabe und Selbstzweifel überwiegen. Wer sie konstruktiv überwindet, wird an ihnen wachsen."

4.2.2 Karriereberatung

Steuerberatung, Anlageberatung und Rechtsberatung sind heute bei aktuellem Anlass Dienstleistungen, die selbstverständlich in Anspruch genommen werden. Wenn es aber um die eigene berufliche Entwicklung geht, tun sich einige Menschen immer noch schwer mit dem Gedanken, sich beraten zu lassen. Sie denken, dass es etwas mit persönlichem Versagen zu tun hat und nach außen der Eindruck entsteht, man könne seine beruflichen Angelegenheiten nicht alleine in den Griff bekommen.

Mit guten, spezialisierten Fachleuten lassen sich in der Regel jedoch bessere Ergebnisse erzielen, auch wenn es um die weitere berufliche Ausrichtung geht. Karriereberatung durch professionelle Berater ist in den USA bereits seit langer Zeit fest etabliert, auch in Deutschland ist das Bewusstsein für dieses Thema deutlich gewachsen. Ein wichtiger Grund hierfür ist, dass Karrieremuster der Vergangenheit in Zukunft nicht mehr gelten werden. Dies und eine sich verstärkende Unsicherheit im Hinblick auf bestehende Arbeitsverhältnisse veranlassen Menschen dazu, mehr über ihre berufliche Zukunft nachzudenken und sie von sich aus aktiv mitgestalten zu wollen. Dabei kann ein erfahrener Karriereberater helfen. Er hat umfassendes Knowhow im Umgang mit beruflichen Problemsituationen und ist in der Lage, berufliche Entwicklungen realistischer einzuschätzen. Er hilft bei der Beantwortung aktuell anstehender Fragen, entwickelt mit seinem Kunden neue Ideen und unterstützt motivierend anstehende Veränderungsprozesse.

Die Tatsache, dass es in Deutschland nach wie vor noch nicht Standard ist, Karriereberatung in Anspruch zu nehmen, stellt einen großen Vorteil für all diejenigen dar, die es bereits tun. Mir fällt bei meiner Beratungstätigkeit immer wieder auf, dass es gerade die vielversprechenden Kandidaten sind, die sich zusätzlich professionelle Hilfe holen. Wer gut ist, besitzt auch das (Selbst)Bewusstsein, dass er mit professioneller Unterstützung noch besser werden kann. Vor allem junge Berufstätige erkennen die Chance, die darin liegt, sich die Erfahrung eines Profis zu eigen zu machen. Da es im Beruf nicht nur um viel Geld und die Sicherung der Wettbewerbsfähigkeit auf dem Arbeitsmarkt geht, sondern insbesondere auch um persönliche Lebensqualität und Zufriedenheit im Job, lohnt es sich, hier zu investieren.

Die Ausgangssituationen für eine Beratung sind sehr unterschiedlich. Wenn jemand im Unternehmen weiterkommen will, aber nicht so recht weiß, wie er das sinnvoll und gezielt angehen soll, ist er ein potenzieller Kandidat für Karriereberatung. Das trifft auch auf jemanden zu, der sich beruflich verändern möchte, aber nicht sicher weiß, wie er sich am wirkungsvollsten präsentieren kann. Auch wenn jemand nur seine Marktchancen testen will oder sich zwischen verschiedenen Angeboten entscheiden muss, es bietet sich immer an, mit einem professionellen Berater die jeweils sinnvollste Vorgehensweise herauszuarbeiten. Die Ziele einer Karriereberatung können sehr unterschiedlich sein, zum Beispiel:

- Klärung und Präzisierung der persönlichen und privaten Situation sowie das Aufzeigen von Perspektiven
- Transparenz über persönliche und berufliche Ziele
- Erstellen einer Potenzialanalyse
- Erkennen der aktuellen beruflichen Chancen innerhalb und außerhalb des Unternehmens

- Erarbeitung und Bewertung realistischer Alternativen
- Erstellen aussagekräftiger Bewerbungsunterlagen und Begleitung beim Bewerbungsprozess

Das persönliche Gespräch mit dem Berater ist besonders wichtig. Es folgen einige Fragestellungen, die am besten direkt mit ihm besprochen werden können:

- Wie sieht die derzeitige berufliche Situation aus?
- Wie lassen sich gegebenenfalls bestehende Konflikte dauerhaft lösen?
- Welche Stärken sind besonders ausgeprägt?
- Welche speziellen Problemlösungsfähigkeiten ergeben sich daraus?
- Welche Zielgruppen (Unternehmen) benötigen diese speziellen Problemlösungsfähigkeiten?
- Wie können spezielle Schwächen überwunden/abgebaut werden?
- Welche Tätigkeitsfelder/Branchen werden angestrebt?
- Welche Perspektiven bestehen im Unternehmen?
- Wie lässt sich Kontakt zu potenziellen Arbeitgebern herstellen?
- Wie müssen aussagefähige Bewerbungsunterlagen aussehen?
- Wie wird ein erfolgreiches Vorstellungsgespräch geführt?
- Wie findet man eine solide Entscheidungsbasis?
- Was ist bei der Vertragsgestaltung zu beachten?

Bei der Karriereberatung stehen die individuellen beruflichen Wünsche und Vorstellungen der Kunden im Mittelpunkt. Darin besteht ein wesentlicher Unterschied zur Personalentwicklung, die zwar teilweise die gleichen Instrumente nutzt, jedoch vor allem die Unternehmensziele im Blick hat. Das ist auch nachvollziehbar, handelt es sich bei der Personalentwicklung um eine Funktion, die vom Unternehmen selbst finanziert wird. Die Karriereberatung ist hingegen eine persönliche Dienstleistung, die der Kunde beauftragt und bezahlt.

Karriereberater analysieren in enger Zusammenarbeit mit dem Kunden die vorhandenen Potenziale und entwerfen Szenarien, wie sich diese zielgerichtet nutzen lassen. Im Hinblick auf die beruflichen Perspektiven wird festgestellt, welche Qualifikationen fehlen. Im Anschluss daran können detaillierte Vorgehensweisen erarbeitet werden, wie diese Lücken durch Qualifizierungsmaßnahmen zu schließen sind. Karriereberatung bedeutet in erster Linie Hilfe zur Selbsthilfe, eine Begleitung bei den eigenen Aktivitäten. Die Unterstützung fällt umso ergiebiger aus, je intensiver sich der Kunde selbst mit den Themen beschäftigt und Aktivität zeigt.

Auch losgelöst von konkreten Anlässen erweist es sich als durchaus sinnvoll, in regelmäßigen Abständen das eigene Qualifikationsprofil kritisch zu hinterfragen und zu prüfen, ob man den Anforderungen des Arbeitsmarkts noch gerecht wird. Dieser Check-up hilft, rechtzeitig Gefahren zu erkennen und gegenzusteuern.

HINWEIS

Karriereberatung findet meist im Rahmen von Einzelgesprächen statt. Geht es eher um grundlegende Informationen zu Vorstellungsgesprächen, Bewerbungsunterlagen und Auswahlverfahren, kann auch die Arbeit in Kleingruppen sinnvoll sein.

Der erste Kontakt zwischen Berater und Kandidat erfolgt in der Regel telefonisch. Bei dieser Gelegenheit besprechen beide gemeinsam mögliche Ansatzpunkte für eine Zusammenarbeit – abhängig von der Situation – und vereinbaren den ersten Termin. Die meisten Berater rechnen ihr Honorar auf Basis der tatsächlich in Anspruch genommenen Beratungsstunden ab, sodass keine Pauschalsumme zu entrichten ist.

Um die Ausgangssituation objektiv einschätzen zu können, kann es sinnvoll sein, eine Qualifikationsanalyse durchzuführen. Ein Beispiel hierzu finden Sie im Folgenden, der zu Beratende ist hier ein Master of Science Fachrichtung Wirtschaftsingenieurswesen mit Berufserfahrung.

Qualifikationsanalyse

Fachliche Kompetenz	Master of Science Wirtschaftsingenieurswesen
	6 Jahre Berufserfahrung in Vertrieb und Service
	Gute Marktkenntnisse im Einzelmaschinenbau
	Weiterqualifizierung als Auditor (ISO 9002)
	Erfahrung an der Schnittstelle zwischen Technik und Betriebswirtschaft
	Budgetverantwortung
Soziale Kompetenz	Führungserfahrung (4 Mitarbeiter)
	Teamerfahrung (Mitglied Managementteam)
	Hohes Maß an Einfühlungsvermögen
	Hohe Akzeptanz bei den Mitarbeitern (Ergebnis der Mitarbeiterbefragung)
	Ausgeprägte Kundenorientierung
	Defizit: Durchsetzungsvermögen

Methodenkompetenz	Fähigkeit, strukturiert und konzeptionell zu arbeiten (Entwicklung einer Service-Datenbank) Metaplantechnik Gutes Zeitmanagement Defizit: keine Projektmanagementerfahrung
Medienkompetenz	Sehr gute PC-Kenntnisse (MS-Office-Paket) Erfahrung in mediengestützten Präsentationen Defizit: keine Erfahrung im Customer-Relationship-Management (CRM)
Sprachkompetenz	Gutes Ausdrucksvermögen, reicher Wortschatz Verhandlungssichere Englischkenntnisse
Handlungskompetenz	Vorhandene Kompetenzen werden zielgerichtet zur Aufgabenerfüllung eingesetzt; Initiative, der Wille zum Erfolg sowie ein hohes Maß an zeitlichem Engagement sind vorhanden Defizit: Entscheidungsfreudigkeit zu gering ausgeprägt

Aufbauend auf der Qualifikationsanalyse kann eine persönliche Potenzialanalyse erstellt werden. Sie umfasst mehrere Bereiche, wie im folgenden Beispiel dargestellt. Hier geht es wieder um den obigen Kandidaten.

Persönliche Potenzialanalyse

Standortbestimmung	Die aktuelle berufliche Situation wird als nicht zufriedenstellend gesehen. Perspektiven beim jetzigen Arbeitgeber konnte die Geschäftsführung nicht aufzeigen. Trotz des angenehmen Arbeitsklimas besteht der Wunsch, sich zu verändern, um die berufliche Basis zu erweitern und mittelfristig mehr Verantwortung zu übernehmen. Bei der jetzigen Tätigkeit handelt es sich noch um die Erstanstellung nach dem Studium; allerdings konnte in der sechsjährigen Firmenzugehörigkeit der Schritt vom Verkaufsingenieur zum Serviceleiter erfolgreich getan werden.
Zielanalyse	Es besteht keine klare Vorstellung darüber, in welche Richtung der nächste berufliche Schritt gehen soll. Die Arbeit an der Schnittstelle zwischen Technik und Betriebswirtschaft macht Spaß. Bezüglich der Branche bestehen keine klaren Präferenzen. Die erworbenen Kenntnisse im Rahmen der Weiterqualifizierung als Auditor sollten in die neue Tätigkeit mit eingebracht werden können. Aufgrund der Berufstätigkeit der Ehefrau besteht derzeit keine Bereitschaft zum Ortswechsel. Die gehaltlichen Vorstellungen liegen basierend auf dem derzeitigen Gehalt bei 85.000 Euro.
Qualifikationsanalyse	Das Qualifikationsniveau kann als gut bezeichnet werden. Es stellt eine solide Grundlage für weitere berufliche Überlegungen dar. Defizite konnten identifiziert werden, es besteht die Bereitschaft, sich insbesondere im Bereich Projektmanagement und IT-Anwendungen weiterzuqualifizieren.
Qualifizierungsmaßnahmen	Lektüre von Fachbüchern sowie Webinare zum Thema CRM. Im Unternehmen signalisieren, dass Bereitschaft besteht, in Projekten mitzuarbeiten. Sich mit den Grundlagen des Projektmanagements vertraut machen (Literatur, Gespräche mit projekterfahrenen Kollegen, Bekannten).

Der Karriereberater analysiert zusammen mit dem Kunden im Rahmen des Coachings konkrete Situationen, bei denen mangelndes Durchsetzungsvermögen identifiziert wurde. Handlungsalternativen werden dann in Rollenspielen und Fallbeispielen aufgezeigt und ausprobiert. Die weitere Karriereplanung soll dazu genutzt werden, um im Hinblick auf die Entscheidungsfreudigkeit Erfolgserlebnisse zu schaffen.

Auswertung

Marktanalyse

Die beruflichen Chancen für das vorhandene Qualifikationsprofil können als gut bezeichnet werden. Insbesondere die Verknüpfung von technischen und betriebswirtschaftlichen Kenntnissen und Erfahrungen wird am Markt nachgefragt. Projekterfahrung wird jedoch verstärkt vorausgesetzt.

Mögliche Einsatzfelder stellen die Bereiche Customer-Care, Service, Sales-Support oder PreSales dar. Sofern der Aspekt der Prozessorientierung stärker in den Vordergrund rücken soll, ist eine Backoffice-Funktion denkbar, eine stärkere technische Ausrichtung macht den Einsatz im Bereich Applikationsmanagement denkbar.

Gesamtbewertung

Der Kunde hat eine solide Ausgangsbasis für eine neue berufliche Orientierung. Die erkannten Defizite können in einem zeitlich überschaubaren Rahmen abgebaut werden. Der Kunde macht im persönlichen Gespräch einen sympathischen, seriösen Eindruck. Sein Erscheinungsbild ist gepflegt, er verfügt über eine positive Ausstrahlung. Seine klare Ausdrucksweise und logische Argumentation verstärkten den guten Eindruck im Gespräch. Mit seinen 34 Jahren und sechs Jahren Berufserfahrung kann der Kunde als attraktiver Kandidat angesehen werden, dessen Chancen auf dem Arbeitsmarkt als gut einzustufen sind.

Karriereberater sind in der Regel nicht an der Besetzung offener Stellen oder an der konkreten Vermittlung von Kandidaten beteiligt; dies bleibt den Personalberatern und Personaldienstleistern überlassen. Selbstverständlich nutzen Karriereberater ihre Kontakte, um für ihre Kunden Türen zu öffnen, seien es Kontakte zu Personalberatern oder zu Unternehmensvertretern. Schwerpunkt der Karriereberatung ist die im Vorfeld eines Stellenwechsels angesiedelte intensive Analyse von Qualifikationen, Kenntnissen, Neigungen und Zielen des Kunden, die mit den Anforderungen des Arbeitsmarkts abgeglichen werden.

Anforderungen an Karriereberater

Bei der Karriereberatung handelt es sich um eine sehr individuelle und sehr persönliche Dienstleistung. Voraussetzung ist daher, dass der Kunde ein Vertrauensverhältnis zu seinem Berater aufbauen und das Gefühl haben kann, kompetent und nach seinen Bedürfnissen beraten zu werden. Die zentrale Aufgabe des Karriereberaters besteht darin, seinen Kunden zu begleiten, mit dem Ziel, eine realistische Selbsteinschätzung der eigenen Qualifikation und der beruflichen Möglichkeiten zu gewinnen. Dies erfordert vom Berater viel Einfühlungsvermögen, fundierte Kenntnisse des Arbeitsmarkts sowie umfassende eigene Berufserfahrung in unterschiedlichen Funktionen und Branchen.

Wenn Sie sich mit dem Thema Karriereberatung näher beschäftigen und einen Karriereberater suchen, kann Ihnen die Deutsche Gesellschaft für Karriereberatung e.V. (www.dgfk.org) als Anlaufstelle dienen. Sie hat eine Checkliste entwickelt, deren Fragen Ihnen speziell bei der Auswahl eines für Sie passenden Karriereberaters helfen kann.

CHECKLISTE: Der passende Karriereberater

- Verfügt der Berater über eigene Berufserfahrung in Fach- und Führungspositionen?
- Hat der Berater Erfahrung mit praktischer Personalarbeit?
- Kann der Berater auf einschlägige Beratungserfahrung und entsprechende Referenzen verweisen?
- Hat der Berater einen bestimmten Branchenschwerpunkt ausgewählt oder sich sonst spezialisiert?
- Wie beschreibt der Berater seinen eigenen beruflichen Erfolg?
- Mit welchen Methoden arbeitet der Berater?
- Kann der Berater seine Reputation und Kompetenz durch Veröffentlichungen belegen?
- Bietet der Berater ein individuelles, modular ausgerichtetes Dienstleistungsspektrum an?
- Erstellt Ihnen der Berater im Vorfeld ein Angebot, das auch Honorarsätze und die Abrechnungspraxis beinhaltet?
- Verzichtet der Berater auf den Abschluss von Verträgen, die Sie längerfristig binden, und auf die Berechnung von Mindestpauschalen?
- Klärt der Berater mit Ihnen im Vorfeld ab, welche Rolle er als Karriereberater in der Zusammenarbeit einnehmen kann?
- Ist sichergestellt, dass die Person, die mit Ihnen vor Beratungsbeginn im Kontakt steht, auch die Beratung durchführen wird?
- Verfügt der Berater über ein Kontaktnetz, das im Hinblick auf die berufliche Neuorientierung hilfreich ist?
- Welche Fortbildungsmaßnahmen kann der Berater vorweisen?
- Konnten Sie in einem ersten Gespräch — telefonisch oder persönlich — den Eindruck gewinnen, dass der Berater sich individuell auf Ihre Bedürfnisse einstellt?
- Ist Ihnen der Karriereberater sympathisch, haben Sie das Gefühl, dass Sie ihm vertrauen können und sehr persönliche Fragestellungen mit ihm besprechen können?
- Nutzt der Berater ein Netzwerk von Kollegen und Experten in angrenzenden Bereichen?
- Benennt der Berater Grenzen seiner Kompetenz?

Quelle: DGfK Deutsche Gesellschaft für Karriereberatung e.V.

Nachwort

Wir sind am Ende unserer Reise zum Thema Karrierestart nach dem Studium angekommen. Ich hoffe, dass ich Ihnen mit meinen persönlichen Eindrücken und Erfahrungen, den Beiträgen zahlreicher Experten und den Erfahrungsberichten von Berufsstartern eine gute Ausgangsbasis für Ihre eigenen Schritte in die Berufswelt geben konnte. Wenn Sie dieses Buch intensiv durchgearbeitet haben, sind Sie mit den zentralen Themenstellungen vertraut, die Ihnen als Berufseinsteiger begegnen werden. Dieses Buch erhebt nicht den Anspruch einer Bibel und will auch nicht Patentrezepte liefern, mit denen die Garantie einhergeht, erfolgreich zu sein.

Dieses Buch habe ich mit viel persönlichem Engagement geschrieben, weil es mir einfach am Herzen lag, Berufsstartern Tipps und Hilfestellungen zu geben, die aus meiner Sicht wichtig sind. Zu oft erlebe ich, dass Hochschulabsolventen realitätsfremd in ihren ersten Job gehen und sich durch unbewusste Kleinigkeiten und dumme Fehler viele Möglichkeiten und Sympathien verspielen. Dieses Buch zeigt Ihnen, wo sich Risiken aber auch Chancen verstecken können. Es liegt an Ihnen, das Beste daraus zu machen.

Ich wünsche Ihnen viel Erfolg und freue mich über Erfahrungsberichte und persönliche Eindrücke. In diesem Sinne: Auf geht's in die erste Runde — und viel Spaß auf Ihrer weiteren beruflichen Reise.

Doris Brenner

Weiterführende Literatur

Becht, Monika: So nehmen Sie Ihre Karriere selbst in die Hand. Berufsstrategien für Frauen. Societäts Verlag, Frankfurt 1999

Bolles, Richard N.: Durchstarten zum Traumjob. Campus Verlag, Frankfurt a.M. 2012

Brenner, Doris/Brenner, Frank: 100 clevere Tipps. Probezeit. Humboldt, Hannover 2004

Brenner, Doris/Brenner, Frank: Assessment Center. 3. Auflage, Gabal Verlag, Offenbach 2010

Duden Ratgeber – Handbuch Bewerbung. Bewerbungen optimal vorbereiten und durchführen. Duden Verlag, Mannheim 2012

Brenner, Doris/Gatz, Birgit: 100 clevere Tipps. Gehaltsverhandlung. Humboldt, Hannover 2004

Brenner, Doris/Müller, Robert: Mitarbeiterbeurteilungen und Zielvereinbarungen. Von der Planung über die Durchführung bis zur Auswertung. 2. Auflage, Moderne Industrie, Landsberg 2008

Brenner, Doris: Beurteilungsgespräche souverän führen. Springer Gabler, Wiesbaden 2014

Brenner, Doris: Bewerberinterviews sicher und zielgerichtet führen. Springer Gabler, Wiesbaden 2014

Brenner, Doris: Karriereberatung. In Karlheinz Geißler, Georg v. Landsberg; Manfred Reinartz (Hrsg.): Handbuch Personalentwicklung und Training. Loseblattsammlung, Verlagsgruppe Deutscher Wirtschaftsdienst, Köln 2002

Brenner, Doris: Neue Mitarbeiter suchen, auswählen, einstellen. Luchterhand Verlag, Köln 2003

Brenner, Doris: Onboarding. Springer Gabler, Wiesbaden 2014

Brenner, Doris: Punkten Sie mit Ihren Stärken. Erfolgreiches Selbstmarketing im Job. Haufe-Lexware GmbH & Co, Freiburg i. Br. 2015

Weiterführende Literatur

Covey, Stephen R./Merrill, Roger/Merrill, Rebecca: First Things First. Simon & Schuster, New York 2003

DGfK Deutsche Gesellschaft für Karriereberatung e.V.: Karriere Spots, Frankfurt 2004, zu beziehen über www.dgfk.org

Duden Praxis kompakt. Telefoninterviews: das Wichtigste für Bewerber. Duden Verlag, Mannheim 2011

Fisher, Roger et al.: Das Harvard-Konzept. Klassiker der Verhandlungstechnik. Campus Verlag, Frankfurt a.M. 2009

Goleman, Daniel: Emotionale Intelligenz. Carl Hanser Verlag, München 1997

Knoblauch, Jörg/Wöltje, Holger: Zeitmanagement. Perfekt organisieren mit Zeitplaner und Handheld. Haufe Lexware GmbH & Co, Freiburg i. Br. 2006

Knoblauch, Jörg: Zeitmanagement. 3. Auflage, Haufe Lexware GmbH & Co, Freiburg i. Br. 2015

Litke, Hans-D./Kunow, Ilonka/Schulz-Wimmer, Heinz: Projektmanagement. 3. Auflage, Haufe-Lexware GmbH & Co, Freiburg i. Br. 2015

Molcho, Samy: ABC der Körpersprache. Heinrich Hugendubel Verlag, Kreuzlingen/München 2006

Schmidt, Josef: Zeitmanagement ist Erfolgsmanagement. SC Verlag, Neudrossenfeld 1995

Schulz von Thun, Friedemann: Miteinander reden. Band 1—4, rororo Verlag, Reinbek 2014

Seifert, Josef W.: Visualisieren — Präsentieren — Moderieren. 35. Auflage, Gabal Verlag, Offenbach 2011

Seiwert, Lothar J.: Das neue 1x1 des Zeitmanagements. Gräfe und Unzer, München 2003

Tschumi, Martin/Brenner, Doris: Die 200 besten Checklisten zur Personalarbeit. Redline Wirtschaft, Frankfurt a.M. 2006

Willmann, Georg: Erfolg durch Willenskraft. Gabal Verlag, Offenbach 2015

Die Autorin

Doris Brenner
Diplom-Betriebswirtin (BA)

Freie Beraterin und Trainerin mit den Schwerpunkten Personalentwicklung und Karriereberatung insbesondere für Hochschulabsolventen und Führungsnachwuchskräfte.
Studium der Betriebswirtschaftslehre mit den Schwerpunkten Marketing und Personalwesen. Fach- und Führungserfahrung in Linienfunktionen in der Industrie. Langjährige Tätigkeit im strategischen und operativen Personalwesen, insbesondere auf den Gebieten Nachwuchsrekrutierung und Personalentwicklung. Entwicklung und Durchführung von Assessment-Centern zur Mitarbeiterrekrutierung und im Rahmen der Personalentwicklung.
USA-Aufenthalt mit Studium „Neue Trends in Personalentwicklung und Training“ an der University of Maryland, Graduate School of Business and Technology. Intensiver Erfahrungsaustausch und Zusammenarbeit mit Unternehmen, Career-Centern an amerikanischen Universitäten sowie Karriereberatern.
Weiterbildung bei dem amerikanischen Life-Work-Planning Experten Richard Bolles.
Initiatorin und Gründungsvorstand der DGfK Deutsche Gesellschaft für Karriereberatung e. V. (www.dgfk.org).
Zahlreiche Publikationen zu den Themenbereichen Bewerbung, Testverfahren, Assessment-Center, Berufsplanung, Arbeitstechniken.
Homepage: www.karriereabc.de

Abbildungsverzeichnis

Arbeitshilfen

Stichwortverzeichnis

Inklusive Arbeitshilfen online

Exklusiv für Buchkäufer!

Ihre Arbeitshilfen zum Download:

- http://mybook.haufe.de/
- Buchcode: 8P6-4M7W